허시명의 세계 술 기행

허시명의

세계 술 기행

양조장과 축제장, 명주의 고향을 찾아 떠나다

글·사진 허시명

상상출판

일러두기

· 외국의 인명과 지명 및 고유명사는 국립국어원 외래어표기법을 우선으로 하고, 일반적으로 통용되는 경우는 관용을 따르기도 했습니다.

· 본문의 QR코드를 통해 관련 이야기를 유튜브 영상으로도 확인하실 수 있습니다.

프롤로그

세상을 바라보는 색다른 렌즈

종종 사람들이 묻는다. 술은 당신에게 무엇이냐고. 그러면 주저 없이, 술은 나를 실어 나르는 운송수단이고, 세상을 바라보는 색다른 렌즈라고 답한다.

술에 들어서게 된 것은 주점이 아닌 여행길에서였다. 여행자가 되어 한 마을의 음식과 술을 맛보고, 술 축제장에 들어서 한껏 취해도 보고, 그 마법의 음료를 만든 양조인과 이야기를 나누다 사무치는 사연도 알게 되었다. 그러다 보니 어느새 술 전문가가 되어 있었다.

사람들은 한 분야의 전문가가 되는 것을 부러워하면서도, 고생스러웠겠다는 말을 덧붙인다. 그런데 나의 길은 그다지 힘들지 않았다. 그 일이 즐거웠기 때문이다. 술을 마시며 새로운 사람을 만나고, 술 빚는 이들의 이야기를 흥미롭게 듣고, 이력이 다른 양조장과 술을 찾아 낯선 동네를 여행하고, 때로 몸을 움직여 술을 빚어 보면서 술과 친해진 결과물이었다.

아직도 공영방송에서는 술 마시는 행위를 영상으로 내보낼 수가 없어서, 숟가락으로 술을 떠먹으면서 평가해야 한다. 신문 잡지에서는 지면이 부족하고 긴급한 뉴스도 아니어서, 술은 고작 기획특집으로나 다루어지는 소식 뜸한 영역이었다.

이제 그런 제약은 효력을 잃었다. 소통할 수 있는 채널이 많아져서, 취중진담을 들어 보려는 토크쇼가 생겨나고, 유튜브나 인스타그램으로 공유되는 술 콘텐츠들이 많아졌다. 맛있는 안주와 술에 손보다 핸드폰이 먼저 가는 세상을 살면서, 우리 주변에서 빚어지는 술에 관심을 두는 이들도 늘어났다. 더불어 한국 술에 관심을 갖는 외국인도, 외국에 사는 한인들도 늘어났다.

나는 종종 "막걸리의 세계화는 어떻게 이뤄질 수 있나요?"라는 질문을 받는다. 그럴 때면 "우선 세계의 술이 어떤지 자주 맛을 봐야지요"라고 말한다.

유럽의 술 문화는 유럽의 제국주의 침탈사의 반주곡처럼 세계로 퍼져 나갔다. 맥주가 지구상에서 음주하는 인간들이 소비하는 술의 팔 할을 차지한 것도, 제국주의 침탈의 여파다. 달러와 영어와 맥주가 지구의 주도권을 잡은 것도 같은 이치일 것이다.

그래서 나는 농담처럼 덧붙이곤 한다. "막걸리가 맥주처럼 세계화가 되려면, 제국주의 길을 따라가면 쉽습니다."

물론 우리에게는 K-POP이라는 가장 평화로운 방식의 문화 전파 경험이 있다. 우리 술은 그 길을 따라가면 된다. 생각해 보면 평화로운 방식의 전파야말로 가장 술다운 길이다.

세계 어디든 축제장에 가면 술이 있다는 것이 그 증거다. 특히 술 축제장은 다른 음식보다 술이 주인공이다. 축제의 문이 열리면서부터 술 마시는 일이 시작된다. 옥토버페스트도, 칭다오 맥주 축제도, 니가타 사케노진 행사도, 다른 지역의 작은 술 축제장도 술과 함께 연주와 웃음소리가 시작된다. 어쩌면 축제 중 가장 대중 참여적이고 모두 기뻐하며 요란한 건 술 축제일지 모른다. 그러나 전염병이 돌고 전쟁이 벌어지면, 음악 소리는 꺼지고 술잔 부딪치는 소리도 사라진다. 술은 축제와 소통, 화해와 위로에 어울린다. 축제의 반대편에 전쟁이 있다. 술잔을 들면 총을 들 수 없듯이.

분단국가에 사는 우리가 살아서 만나지 말아야 할 것, 막아야 할 것은 전쟁이다. 그런데 믿을 수 없게도 지구상에는 전쟁이 끊이지 않고 있다. 인류가 전쟁으로부터 자유로워질 날은 올까. 세계 술 기행을 다니면서 함께 살아가고 있음에 기쁨을 만끽할 수 있기를, 평화롭게 소통하기를, 그것이 내게만 주어지는 행운이 아니기를 희망한다. 부디 포탄을 녹여 술잔을 만들기를! 치어스, 프로스트, 건배!

차례

2장 술로 뭉치다

3장 술을 따라 흘러가다

4장 술로 누리다

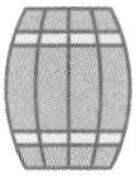

1장

술의 묘리를 보다

어디에서
출발할 것인가?

#동의보감 #임원경제지 #주세법

떠나자, 어디든 가 보자.

세상에 술이 있는데 그 어디를 못 가랴.

그런데 떠나기 전에 우리 집이 어디인지 알고 떠나자.

술을 통해서 우리 안을 보고

술을 통해서 울타리 밖을 보자.

술은 물을 닮았다. 어디서 오고 어디로 가는지 그 근원을 알기 어렵다. 개인의 창의적인 아이디어 같지만, 발효 과학 속에 들어 있는 구조물이다. 집안의 술이 동네 술이 되기도 하고, 동네 술이 집안으로 숨어들기도 한다. 그 집에만 전해 오는 비방 같지만, 눈 밝은 집안 어른이 어디선가 듣고 와 이어지고 있는 것일 뿐이다. 물이 하늘로 솟았다가 땅으로 스며들고, 강을 이루다가 바다에서 함께 노는 것과 같은 이치로, 술도 세상을 끊임없이 돌아다니며 소통한다.

서유구의 초상화

고려 시대 이제현이 단지에서 빨대로 빨아 마셨다는 음주 관행은 우리에게서는 사라졌지만, 베트남의 지오깐이라는 술에는 남아 있다. 중국과 교류가 많았던 시절에는 한자 문화와 함께 중국 술이 한반도에 영향을 많이 미쳤다.

허준의 『동의보감』에 40여 개의 술 이름이 등장한다. 술 자체를 설명하기도 하고, 약을 설명하면서 술이 등장하기도 한다. 『동의보감』 탕액편 제1권 곡부穀部에서 술을 명쾌하게 묘사하고 있다. “성질이 아주 뜨겁고, 맛은 쓰고 달고 매우며, 독이 있다. 주로 약 기운을 운행시키고 온갖 사기邪氣와 나쁘고 독한 기운을 없애며, 혈맥을 통하게 하고 장과 위를 든든하게 하며, 피부를 윤기 있게 한다. 우울함을 없애며, 화나게 하고 흉금을 털어놓고 마음껏 이야기하게 한다. 오랫동안 마시면 정신이 상하고 수명이 줄어든다. 몹시 추워도 바다는 얼더라도 술은 얼지 않으니 온갖 사물 중에 술이 가장 뜨거운 것이 분명하다. 사람이 마시면 몸이 말을 듣지 않고 정신이 혼미해지니 그것은 술에 독기가 있기 때문이다.” 『동의보감』은 당시의 중국과 조선 의학의 핵심을 잘 정리한 책으로 평가받고 있다. 술 이름에서도 중국의 영향을 알 수 있는데, 산동추로백山東秋露白의 산동, 소주소병주蘇州小瓶酒의 소주, 남경금화

대분류	분류 방법	세부 종류
이류酏類	청주, 맑게 걸러 마시는 술	백하주, 향온주, 녹파주, 벽향주, 유하주, 소국주, 부의주, 동정춘, 경액춘, 죽엽춘, 인유향, 석탄향, 벽매주, 오호주, 하향주, 향설주, 벽향주
주류酎類	이양주, 삼양주를 포함한, 거듭하여 빚은 중양주	호산춘, 잡곡주, 두강춘, 무릉도원주, 동파주
시양류時釀類	계절의 기운을 빌려서 빚은 세시주	약산춘, 삼해주, 춘주, 속미주, 법주, 청명주, 삼구주, 서미법주, 당량주, 갱미주, 납주, 칠석주, 분국상락주, 동미영주
향양류香釀類	꽃잎과 향신료로 향을 더한 술	도화주, 도로양, 송화주, 송순주, 죽엽청, 하엽청, 연엽양, 영주, 국화주, 만전향주, 밀온투병향, 꿀술(밀주), 화향입주법
과라양류菓蓏釀類	열매를 넣어 빚은 술	송자주, 핵도주, 상실주, 산사주, 포도주, 감저주
이양류異釀類	빚는 법이 특별한 술	청서주, 봉래춘, 신선벽도춘, 와송주, 죽통주, 지주, 포양방
순내양류旬內釀類	10일 이내에 빚어 마실 수 있는 술	일일주, 계명주1, 삼일주, 하삼청, 백화춘, 두강주, 칠일주, 사절칠일주, 급수청, 계명주2
제차류醍醝類	홍국이나 분국 등 독특한 누룩을 사용하거나, 우윳빛이 도는 술	천태홍주, 건창홍주, 하동이백주, 백주, 왜백주
앙료류醠醪類	맑은 청주보다 흐린 탁주의 양이 많이 나오는 술	이화주, 집성향, 추모주, 모미주, 백료주, 분국백료주
예류醴類	단맛이 강한 감주	감주, 청감주, 왜예주, 왜미림주
소로류燒露類	소주, 화주, 노주라 불리는 증류한 술	소주총방, 내국홍로, 노주이두방, 절주, 관서감홍로, 관서계당주, 죽력고, 이강고, 적선소주, 삼일로주, 모미소주, 소맥로주, 교맥로주, 이모로주, 송순주, 과하주, 오향소주, 포도소주, 감저소주, 천리주, 왜소주, 소번황주

주南京金華酒의 남경, 회안녹두주淮安菉豆酒의 회안, 강서마고주江西麻姑酒의 강서, 금분로金盆露의 처주處州는 모두 중국 땅 이름이다.

술을 가장 풍성하게 소개하고 있는 우리 문헌은 서유구의 『임원경제지』다. 『임원경제지』에는 180여 개의 술 이름이 등장하는데, 빚는 방법을 소개한 술이 109가지, 효능을 중심으로 소개한 술이 62가지, 그리고 술을 관리하는 요령이 10여 가지 소개되어 있다. 중국 문헌에서 인용한 술도 있지만, 왜례주, 왜미림주와 같은 일본 술 제조법도 소개하고 있다.

『임원경제지』에서 주목해 볼 만한 또 하나의 요소는 술을 체계적으로 분류하고 있다는 점이다. 다른 문헌에서는 볼 수 없는 특별한 시도였다. 『임원경제지』의 술은 지금보다도 훨씬 더 넓고 구체적이고 다양했다. 이 술들의 목록을 보면 우리 술이 얼마나 풍성했는지, 그리고 지금 술이 얼마나 단조로운지를 알 수 있다. 우리가 재해석할 수 있는 많은 지혜가 그 속에 담겨 있다.

조선 후기에 종로통에 누룩을 파는 은국전銀麴廛이 있었고, 술을 많이 빚어서 내다 파는 도가都家들이 존재했지만, 아쉽게도 상업적인 양조장에 대한 기록은 남아 있지 않다.

한국 술의 전통을 살피려면, 중국과 일본의 술 문화를 살피면서 한국적인 특징을 포착해 내야 한다. 한국과 일본은 쌀이라는 주식으로 술을 빚는다는 점에서 유사성이 많다. 백제 때부터 조선 시대까지는 한반도에서 일본으로 술 문화가 건너갔다면, 개항기 이후에는 일본인이 한반도에 건너와 식민 수탈을 하면서 일본의 양조 문화가 한반도에 영향을 많이 미쳤다.

중국은 고량高粱(수수)이 중심된 바이주가 대세가 되면서 한반도의 술 문화와는 일정 정도 거리를 유지하게 된다. 남북이 분단되기 전까지는 압록강 건너 중국 대륙의 영향으로 북쪽에 수수나 조로 빚는 술들이 있고 소주가 주도적으로 제조되었으니, 분단 상황만 아니라면 중국의 영향을 꼼꼼하게 살필 수 있었을 것이다. 그러나 남북 분단으로 남쪽은 소주보다는 농주인 탁주가 더 주도적으로 소비된 문화를 가지고 있기에, 지금에 와 남쪽에서 중국 술의 영향을 찾아내기란 쉽지 않다. 다만 조선 시대 문헌 속에 나오는 술과 북한의 술 문화를 염두에 두면서 중국 술을 살펴본다면, 한반도 남쪽의 술 전통을 조금은 더 잘 이해할 수 있다고 본다.

이웃 나라의 술로 주목해 볼 만한 또 다른 한 곳은 유구국(류큐왕국)이다. 지금은 역사 속으로 사라져 버린 나라라 애석하다. 유구국은 온도가 높고 습도가 높은 기후의 특성상 아스퍼질러스 루추엔시스(흑국균과 그 돌연변이인 백국균)의 곰팡이를 이용한 흩임누룩을 제조하여 술을 빚는다. 그 양조 문화가 일본에 영향을 주고, 일제강점기에 유구국의 균주가 한반도로 유입되면서 현재까지도 흩임누룩 발효제인 아스퍼질러스 루추엔시스가 백국균이라는 이름으로 한국 양조장에 널리 사용되고 있다. 오키나와의 아와모리 소주의 맛과, 백국균을 사용하는 국내 쌀소주의 맛이 비슷한 것은 주재료인 쌀과 균주의 유사성 때문이다.

현재의 주세법에서는 술을 탁주, 약주, 청주, 소주, 일반증류주,

과실주, 리큐르, 맥주, 위스키, 브랜디, 기타주류로 나누고 있다. 술의 특징을 구분하는 큰 이유는 세금을 효율적으로 걷기 위해서였다.

조선 시대에는 리큐르, 위스키, 브랜디가 존재하지 않았을 테고, 맥주는 보리술로서 존재했지만 지금 같은 맥주는 아니었고, 과실이 들어간 술도 있었지만 지금의 과실주와 달랐다. 현재 방식의 술 분류는 1909년 일본인의 주도로 만들어진 대한제국 주세법에서 세 종류로 구분하면서부터 시작되었다. 그 구분법은 첫째가 양성주로 청주, 약주, 백주, 탁주, 과하주, 기타 양조 제성할 수 있는 주류다. 둘째가 증류주로 소주, 기타 증류 제성한 주류다. 셋째가 혼성주로 양성주 또는 증류주에 타 물질을 혼합 제성한 주류로 기타 양성주 또는 증류주가 아닌 주정 함유 음료였다.

1948년 대한민국 정부가 수립되고, 1949년에 주세법이 만들어졌지만 일제강점기와 크게 달라지지 않았다. 대한민국 정부 수립 후로 70년이 지났고, 주세법이나 술 정책이 크고 작게 바뀌어 왔는데, 1990년대 이후의 기조는 한국 술의 경쟁력을 강화시키는 쪽으로 이동하고 있다. 외국 술의 정책과 전략에 견주어 우리 술의 정책도 바뀌고 있다. 술의 정책이 술 문화를 크게 바꾸지만, 술 문화를 완성하는 것은 아니다. 누리고 완성하는 몫은 술을 소비하는 개개인의 문화 속에서 가능하다.

술 기행을 통해서 우리 술 문화와 외국의 술 문화가 어떻게 다른지 보고 싶다. 술 기행은 타자를 통해서 나를 보는 시간이다. 내 것을 잘 알고 술 기행을 떠난다면 흥미로운 요소가 훨씬 더 커진다. 🍸

몽골 게르에서 마유주를 빚다

#아이락 #시밍 아르히 #소주

하늘 아래 혼자, 초원 위의 게르

소주는 고려 시대에 몽골이 한반도를 침략할 때 전래되었다는 것이 정설이다. 전해 오는 문헌 중에서 가장 오래된 '소주'의 표현은 『고려사』 우왕 원년(1375)에 등장한다. "사람들이 검소할 줄 모르고 소주나 비단 또는 금이나 옥그릇에 재산을 탕진하니 앞으로 일절 금한다"라고 했다. 적어도 우왕 이전에 소주가 도입되었다는 것을 알 수 있다.

원나라에서 외국인들을 대상으로 하는 과거에 합격했던 목은 이색(1328~1396)은 『목은집』에 소주의 별칭인 아라길阿剌吉을 맛보면서 "반 잔 술 겨우 넘기자마자 훈기가 뼛속까지强吸半杯熏到骨" 스민다는 시를 남겼다.

허준은 『동의보감』(1613) 탕액편에서 "소주가 원나라 시절부터 시작되었고, 맛이 매우 맵고 극렬하여 많이 마시면 사람이 상한다"라고 했다. 이수광의 『지봉유설』(1614), 서유구(1764~1845)가 만년까지 정리한 『임원경제지』에서도 소주가 원나라로부터 시작되었다고 기록하고 있다.

우리의 전통 소줏고리는 옹기로 된 것인데, 몽골의 것은 어떻게 생겼을까? 우리는 쌀과 누룩을 섞어 발효주를 만들어 증류하는데, 몽골은 어떤 술로 증류를 할까? 몽골에서 도입되었다는 증류 기법은 어떤 형태이며, 몽골을 찾아가면 그 기법을 볼 수 있을까? 그리고 그 기법을 통해서 한반도로 전래된 증류 기법을 추정해 볼 수 있을까? 그러한 것들이 궁금했다.

몽골을 가 봐야 소주가 어떤 형태로 한반도에 들어왔는지 가늠해 볼 수 있을 듯하여, 〈세계 견문록 아틀라스〉 EBS 방송팀과 함께 몽골로 향했다.

몽골의 수도 울란바토르에 도착하여 박물관을 찾아갔다. 오래된 증류기나 발효 도구를 볼 수 있을까 싶어서였다. 그곳에 말가죽으로 만든 술 자루와 술을 젓는 막대가 있었지만, 증류 장비는 따로 없었다.

현대 몽골 주민들이 주로 마시는 술은 저도주로 맥주, 고도주로 러시아 문화의 영향을 받은 보드카가 있었다. 한때 한국 카스 맥주가 몽골 맥주 소비의 1위를 차지했는데 현재는 몽골에서 직접 만들어지는 맥주에 순위가 밀렸다.

몽골의 전통술로는 아이락айраг, airag과 아르히архи, arkhi가 있다. 아이락은 동물의 젖으로 만든 발효주인데 흔히 마유주로 통한다. 그런데 꼭 마유만을 사용하는 것은 아니고 소, 양, 염소, 야크, 낙타의 젖을 사용하기도 한다.

아르히는 아이락을 끓여서 증류한 술로 동물 젖으로 만든 시밍 아르히와 곡물로 만드는 차밍 아르히가 있다. 몽골의 전통 아르히는 시밍 아르히고, 차밍 아르히는 러시아에서 도입된 것이라고 한다. 술을 끓여서 증류주를 얻는 기술은 아랍에서부터 퍼져 나갔기에 증류주의 아랍어인 '아라크araq'에서 아르히라는 말도 생겨났다. 고려 시대 목은 이색이 '아라길'이라고 부른 것도 유사한 발음 속에 있다.

마유주인 아이락은 울란바토르 재래시장의 식료품 가게에서 쉽게 맛볼 수 있었다. 커다란 플라스틱 통에 담겨 있었고, 막대로 연신 저어 페트병에 담아서 팔았다. 유목민들의 거주 공간인 게르ger에서는 여전히 아이락을 만들고, 이를 증류하는 아르히도 만든다고 했다.

말이 있는 곳이면 어디든지 말젖이 있고, 마유주가 있는 줄 알았는데 그게 아니었다. 말젖에도 등급이 있어서 초원의 풀이 좋은 지역의 말젖이 좋다고 했다. 또 말젖을 제대로 짜려면 6월에 들어서야 하고, 그 말젖을 발효시킨 마유주가 제대로 맛이 들려면, 몽골 최대 행사인 나담 축제가 있는 7월 중순이 되어야 한다. 그리고 마유주를 즐기는 시기도 10월이면 끝이 난다.

우리는 울란바토르와 인접한 지역인 볼강아이막의 마유주가 평판이 좋아 그곳으로 가기로 했다. 이튿날 볼강아이막을 향해 출발했다. 찻길은 초원 위에 긴 띠를 하나 얹어 놓은 것처럼 간결하고 선명했다. 야트막한 구릉을 따라 길을 달리는데, 물길이 나올 때마다 말떼들이 모여 있는 모습들이 보였다. 우리가 찾아간 곳은 마유주를 빚는 유목민의 살림집, 천막 게르였다. 언덕 능선이 부드럽게 펼쳐진 드넓은 초원 위의 게르 한 채를 찾아가기 위해 근처 도시에서 게르의 주인집 딸을 만났다. 주인집 딸은 방학이 되어서 기숙사 생활을 정리하고 게르를 찾아가는 길이었다. 게르는 1년에 다섯 번 정도 옮기기에, 한 한기가 끝나고 돌아가면 게르가 사라지고 없기도 하다고 했다.

우리는 찻길도 없는 초원 위를 마구잡이로 달려, 게르가 있는 곳까지 접근했다. 유목민의 딸은 멀리 초원 위를 바라보더니, 집이 가까워져 왔음을 알렸다. 게르 앞에 식구들이 나와 있다는 말까지 했다. 내 눈에는 물방울만 한 점이 보일 뿐인데도, 딸은 게르 옆의 사람까지 헤아리고 있었다. 우리는 최고 시력이 2.0 정도인데, 몽골인들은 5.0이거나 6.0까지 나온다고 한다. 그 시력이면 얼마나 멀리 떨어진 사물을 분간할 수 있는지 가늠하기 어려웠는데, 운전기사가 아스라이 먼 산 위에 매 한 마리가 떠 있다는 말로 우리를 다시 놀라게 했다.

내가 머문 유목민의 게르는 초원 위에 한 가구만 있었다. 게르를 중심으로 500m 반경의 초지에서 양과 소와 말을 키우면서 살았다. 2~3개월이 지나면 초지의 풀이 줄어들기에 또 이동한다고 했다.

게르에 사는 가족이 우리를 반겼다. 부부, 방학이 되어 돌아온 큰딸, 둘째 딸, 그리고 열 살이 안 된 아들이 천막 안에서 살고 있었다. 근처에 부모님이 살고 있어서 하루는 부모님이 놀러 오기도 했다. 게르는 이동식 둥근 텐트인데, 한 지점에 나무 기둥 하나를 세우고 나서 서까래 역할을 하는 나무 막대를 우산살처럼 올린 다음에, 접이식 나무 외벽 틀을 서까래 끝에 받치고 나서 옷을 입히듯이 천막으로 천장과 외벽을 씌워 만들었다. 두 시간이면 작은 게르를 퍼즐처럼 해체하고 다시 세울 수 있었다.

게르에는 출입문이 하나 있고, 게르 중앙에는 화덕과 굴뚝이 놓여 있고, 화덕 옆쪽으로 간단한 부엌살림이 자리했다. 출입문 바로 옆에는 아이락을 만드는 플라스틱 발효통이 있고, 입구에서 가장 먼 안쪽에 침대가 놓여 있었다. 침대 옆에는 작은 기도단이 있어 달라이라마 사진이 있고 그 앞에 정화수가 있었다.

아침에 일찍 일어나 가축의 젖을 짜는 것으로 유목민의 하루는 시작되었다. 남자는 말을 타고 다니면서, 양과 소와 말을 우리에서 풀

잘 가꾸고 치장한 몽골 말

어 초원의 풀을 먹이고, 또 그 무리를 몰아서 우리에 가두는 일을 했다. 소젖을 짜는 것은 여자의 몫이었다. 다만 말젖을 짤 때는 남자의 손이 필요했다. 소는 유순하고 젖을 짜기도 편하다. 하지만 말은 훨씬 예민하고 젖도 작아서인지 망아지를 옆에 붙여 두고 마치 망아지가 먹는 것처럼 위장한 상태에서 젖을 짰다. 이때 남자의 역할은 망아지를 어미 말 옆에 있도록 잘 붙잡고 있는 것이다.

유목민 안주인은 말젖이 소젖보다도 훨씬 좋다고 했다. 소젖은 한 마리에서 3ℓ를 채취하는데, 말젖은 1ℓ도 못 되게 채취하여 소젖보다 귀했다. 젖소는 있지만 젖말이 없는 것을 보면 알 수 있듯이, 말은 젖을 생산하는 쪽으로 진화하지 않았다. 소젖은 한 번 끓이는 과정을 거친 뒤에 먹어야 하지만, 말젖은 끓이지 않아도 된다. 땅에 누워 자

아들은 마유주를 젓고, 엄마는 증류주를 내린다.

는 양이나 소는 젖병이 나기 쉽지만, 말은 서서 자기 때문에 젖병이 없단다.

게르에서는 말젖도 발효시키고 소젖도 발효시킨다. 소젖을 40도 안팎 온도에 미지근한 상태로 게르의 한구석에 놓아두면, 요플레처럼 되직해진다. 발효된 우유를 이곳에서는 타락駝酪이라고 불렀다. 조선 시대 궁중 음식에도 타락이 나오는데, 왕이 드시던 우유죽이었다. 궁궐 타락은 쌀가루를 볶은 뒤에 우유를 넣어서 끓인다. 북방에서는 타락이 우유를 발효시킨 음료인데, 조선에 들어와서는 되직한 죽으로 진화한 셈이다.

게르 중앙에 화로가 놓여 있고, 그 화로 주변이 바로 부엌이었다. 출입문 한쪽으로 부엌 살림살이가 놓여 있지만, 눈에 띄지 않을 정도로 단출했다. 안주인의 부엌 일 중에서 큰 비중을 차지하는 것은 소젖과 말젖을 짜 와서 이를 가공 처리하는 것이다. 이 일은 매일 반복적으로 이뤄졌다. 물은 그릇을 씻는 정도의 적은 양만을 사용했다. 물이 귀해서 게르 안에서 세수를 하는 건 엄두조차 낼 수 없었다. 손님인 나는 준비해 간 물티슈로 얼굴을 닦는 것으로 세수를 대신해야 했다.

마유주를 만드는 것은 가족 모두의 일이었다. 마유주를 빚을 때에는, 이미 발효된 마유주에 말젖을 덧보태는 형태로 빚었다. 술을 안전하게 빚을 때 밑술을 빚고 거기에 덧술을 하는 형태처럼, 늘 밑술에 해당하는 마유주가 있었다. 안주인은 마유주를 얻으려면 T자처럼 생긴 막대로 3,000번은 저어야 한다고 했다. 마유주 통에 막대를 꽂아 두고 게르를 드나들 때마다 어른 아이 할 것 없이 저어야 했다. 그런데 식구들 가운데 가장 부지런히 그 막대를 젓는 역할은 이제 갓 학교에 입학한 막내아들이었다. 식구들은 "마유주는 막내의 몫!"이라고 말했다.

마유주는 뜻 그대로 해석하자면 말젖으로 발효를 시킨 술이다. 발효가 이뤄지면 2~3%의 알코올이 생성되는데, 마유주를 마셔 보니 알코올 기운을 느끼기 어려웠다. 약간 새콤한 맛이 도는 담백한 요구르트라고 해야 할까? 발효된 유제품인데, 신맛을 얻기 위해서 만드는 유목민의 음료로 여겨졌다. 아이락이 마유주로 번역되면서 한자 문화권의 사람들이 이를 술로 받아들이는 착시를 범하고 있다는 생각이 들 정도로 술의 기운을 감지하기 어려웠다. 유목민의 생활 습관에서도 그것이 술이 아니라, 건강한 음료라는 것을 보여 주고 있었다.

아이락을 마시면 감기에 걸리지 않는다고 해서 아이들에게도 마시게 했다.

그런데 마유주를 만들 때 왜 3,000번 이상이나 저을까? 울란바토르의 역사 박물관에 들렀을 때 마유주를 해설하는 학예사는 1만 5,000번을 저어야 좋은 마유주를 얻을 수 있다고 말했다. 그리고 마유주를 빚는 전통적인 용기는 말가죽으로 만든 큰 자루다. 가죽 자루에 말젖을 넣고 그 자루를 말 등에 걸고 초원을 달리면 저절로 완성되는 것이 마유주다. 게르 안에서는 사람 손과 막대의 힘을 빌리지만, 말 등에 싣고 달리면 천 걸음에 천 번을 젓는 효과를 거둘 수 있으니 쉽다면 쉬운 술이다.

나는 게르 안에서 되직하게 발효되고 있는 마유주를 저으면서 1분에 몇 번을 저을 수 있나 헤아려 보았다. 막대로 마유를 젓는데, 밀도가 높아서 1초에 한 번 젓기가 어려웠다. 열심히 저어서 1분에 40~50번 정도 저을 수 있었는데, 한 시간을 저으면 2,400번이었고, 두 시간을 꼬박 저어야 5,000번이었다. 안주인은 두 시간을 저어야 한다고 했다. 젓는 이유를 묻자 어머니한테 배운 일이고, 그렇게 해야만 아이락이 되는 걸로 안다고 말했다.

아이락을 많이 젓는 이유는 첫째로 공기 접촉을 원활하게 하기 위함이다. 술을 빚을 때 초기에는 많이 저어 준다. 알코올 발효는 혐기성이라 공기 접촉을 차단하지만, 초기에는 효모의 활성화를 위해서 공기 접촉을 시킨다. 그런데 효모의 활성화치고는 아이락은 지나치게 많이 젓는 편이다. 말젖에는 수분이 많고 당류 이외의 영양성분이 많아 표면에 막이 형성되기 쉽다. 막이 끼면 그 위에 다른 잡균이 앉아 변질되니, 수시로 저어 막을 깨 주어야 한다.

또 다른 중요한 이유 하나는 말젖에는 지방이 많이 들어 있는데, 그 지방 조직을 깨기 위해서 많이 저어 준다. 반복적으로 저어 주면서 지방이 덩어리지지 않게 하고, 유당 분해 효소인 베타갈락토시데이스가 원활하게 유당을 단당류로 분해하게 하고, 유산균과 효모를 활성화하도록 돕는다. 이런 과정을 거쳐 아이락이 완성되는데, 알코올 기운은 아련하고 약간 신맛이 도는 요구르트를 닮아 있다.

아이락이 만들어지면 시밍 아르히 증류주를 만들 수 있게 된다. 아르히는 게르 중앙에 있는 화덕 위에 둥근 양은솥을 얹고 만든다. 양은솥 위에 원통형으로 생긴 증류기 몸통을 올려놓는다. 증류기 몸통은 위아래가 뚫려 있어서, 가벼운 증기가 올라오는 통로 역할을 한다. 증류기 몸통 위에 다시 가벼운 양은 대야 하나를 올리고, 그 안에 냉각수를 부어 둔다. 증류기 몸통의 양옆에는 냄비를 걸 수 있는 고리가 달려 있다. 증류기 몸통과 윗대야 사이에는 증기가 새지 말라고 천을 둘러 끈으로 묶었다. 증류 솥에서 증발한 알코올이 냉각수가 담긴 대야의 밑동에 부딪혀 냉각되어 방울방울 떨어지면, 그 몸통의 고리에 걸어서 몸통 안쪽에 매달아 둔 냄비로 액화된 술을 받는다. 그렇게 받아 낸 시밍 아르히는 알코올 10~12% 정도 되며, 싱겁고 담백한 맛을 지녔다.

게르 안에서의 증류 제조 과정은 간단했다. 증류 장비도 간단하고 가벼웠다. 양은솥이나 쇠솥을 사용하고 증류기 몸통은 나무통을 사용했다. 가벼운 양은솥을 사용하면 이동할 때 짐이 되지 않아 좋다. 양은솥은 부엌의 도구로 두루 사용했고, 다만 증류기 몸통만이 증류 전용 도구로 보였다.

왜 게르에서 번거롭게 손이 많이 가는 아이락과 시밍 아르히를 만들어 먹을까 궁금했는데, 나흘 동안 게르에서 생활해 보면서 그 이유를 찾을 수 있었다.

바람에 날아온 초원의 풀처럼 살아가는 유목민의 삶 속에, 풀씨처럼 작게 깃들어 있는 것이 아이락이었다. 물은 귀하고 가축들에게서 얻을 수 있는 젖은 풍부하니, 이를 데우고 끓이고 졸이고 말리고 발효시켜서 마시고 먹었다. 아이락, 시밍 아르히는 다양한 가공 유제품 속에 치즈, 유산균음료와 함께 자리 잡고 있었다. 치즈는 고소한 맛과 감칠맛을 담당하고, 아이락은 엷은 단맛과 신맛을 담당하고, 시밍 아르히는 은은하고 맑은 알코올 기운을 담당했다.

그런데 무엇보다도 몽골인들은 마유를 생으로 잘 마시지 않았다. 마유에는 다른 동물 젖보다 유당이 많아서 유당 분해 효소가 없는 이들이 마시면 복통과 설사를 일으킬 수 있다. 그래서 마유를 발효시켜 유당을 유산균과 에탄올과 이산화탄소로 전환해서 마신다. 또한 아이락은 유목민들에게 풍부한 비타민과 미네랄을 공급하는 건강 음료이기도 하다.

아이락은 허르헉horqhog과 함께 먹기 좋았다. 게르 주인이 우리를 위해서 몽골 전통 요리 허르헉을 만들어 주었다. 허르헉은 양을 통째로 잡아서 내장을 다 꺼내고, 양가죽 속에 양고기와 뜨거운 돌 초토

게르 안의 증류기. 위에 냉각수를 담는다.

를 넣고 장작불로 구운 요리였다. 장정들이 함께 양을 잡고, 털을 벗기고, 양가죽을 손상하지 않고 고기를 해체하며 격렬하게 조리하는 모습을 보고 있자니, 유목민들의 야생 삶이 온전하게 느껴졌다. 불맛이 가득한 허르헉을 먹으면서 함께 마시는 아이락은 편안한 소화제였다.

증류주 시밍 아르히를 권할 때는 작은 잔에 동물성 기름을 띄워서 건네주었다. 유목민들도 건강 기능성을 생각하는 음료로, 흡수가 빠른 증류주에 약성 있는 성분을 타서 마시는 문화를 가지고 있었다. 이때 상대가 권하는 아이락을 한 모금이라도 마시고 돌려주는 게 예의지, 거절하면 무례한 행위다. 나는 투명한 시밍 아르히 위에 노랗게 뜬 기름을 마치 귀한 명약인 양 입안에 털어 넣었다. 물론 약간 비릿한 느낌이 들었지만, 술을 권하는 게르 주인의 눈빛에 화답하느라 만족스럽고 기쁜 표정을 짓는 것을 잊지 않았다.

이제는 몽골도 러시아의 영향을 받아 보드카를 많이 마시고 맥주 제조장이 만들어져서 맥주를 많이 마시는 사회가 되었지만, 신맛이 돌고 알코올 기운이 있는 발효 식품으로서 아이락과 시밍 아르히는 게르가 존재하는 한 함께 하리라는 생각이 들었다. 그 맛을 대체할 다른 식품을 초원에서는 얻을 수 없을 테니까.

나는 게르의 증류 도구들을 보면서 고려 말 한반도로 증류 기술이 전래되었을 때와 설비가 크게 달라지지 않았겠다는 생각을 했다. 게르 안에서는 이동과 세척의 편리함을 위해 증류 장비들이 더 간결해져서, 가죽으로 된 발효통이 플라스틱으로 바뀌고 나무로 된 증류기 몸통이 알루미늄으로 바뀐 상태였다. 다만 우리와 다른 것은, 증류 문화가 우리네 살림 공간에서는 사라졌지만, 몽골 게르에서는 여전히 요긴하게 존재하고 있다는 점이다.

인류 문명사에서 증류주가 등장한 것은 고작 1천 년 정도밖에 되지 않고, 한반도에 들어온 것은 800년도 되지 않는다. 몽골에서 전래된 증류 기술은 한반도에 들어와서 옹기 문화와 만나 매력적인 소줏고리를 만들어 내고, 증류할 발효주는 지역 실정에 맞게 마유주에서 곡주로 바뀌었다. 지금 보아서는 몽골 소주가 한반도 소주의 원류였을까 싶을 정도로 멀어졌지만 뿌리는 동일하다.

증류의 원리는 숫자 '0'의 발견이나 수레바퀴의 발명처럼 알고 나면 너무도 간단해서, 그것이 어디서 왔는지 쉽게 잊어버린다. 증류 원리는 간단하지만, 지역에 따라 장비 발달에 따라 그 양상은 다양해졌다. 아르히, 위스키, 브랜디, 그라파, 슈냅스, 팔링커, 바이주, 럼, 테킬라, 보드카, 그리고 소주가 그렇게 분화되어 지역의 대표 술로 자리 잡았다.

그래서 이렇게 말할 수 있겠다. 13세기에 몽골을 통해서 한반도로 들어온 증류 문화는 마치 깨달음을 얻은 것처럼 우리 안에 스며들어 있다가, 20세기 들어 한반도의 소주 문화로 발전하여 강물처럼 도도하게 세계로 흘러가고 있다고!

수도원에서 태어난 나의 불량한 친구

#람빅 맥주 #브뤼셀 비어 프로젝트 #애비 맥주

크래프트 맥주 붐이 일면서 맥주를 즐기는 동호인들 사이에서 가장 가 보고 싶은 나라는 단연 벨기에가 되었다. 그야말로 별별 맥주가 다 있기 때문이다. 고수 향이 도는 밀맥주 호가든, 식초를 닮은 람빅, 체리와 결합한 크릭, 수도원의 트라피스트 맥주와 애비 맥주가 있는 곳이 벨기에다. 1997년 조직된 국제 트라피스트 협회에는 열네 곳의 수도원 맥주 제조장이 속해 있다. 그중에서 시메이Chimay, 오르발Orval, 베스트말레Westmalle, 아헬Achel, 로슈포르Rochefort, 베스트블레테렌Westvleteren 여섯 곳이 벨기에에 있다. 벨기에 맥주는 재료들이 자유롭고, 알코올 도수도 자유롭다. 전통 수도원 맥주도 있지만, 이에 반발해서 새로운 맥주를 마시자는 운동도 일어나고 있다. 그래서인지 크래프트 맥주 애호가들이 새로운 맥주에 대한 영감을 얻는 무대라고도 한다. 그렇다면 나도 그 친구들을 만나러 벨기에에 가 봐야지!

벨기에의 대표 맥주들. 전용 잔에 마신다.

코로나가 기승을 부리다가 약간 주춤했던 2021년 추석 무렵에 세종학당의 초청을 받아 벨기에 브뤼셀을 가게 되었다. 브뤼셀 공항에 내려 코로나 검역을 받고 있는데, 공항 광고판에 "Welcome to the heart of Europe"(어서 오세요, 유럽의 심장으로)이라는 글귀가 눈에 들어왔다. 브뤼셀에 유럽연합본부가 있고, 나토와 세계관세기구 등이 모여 있으니 유럽의 심장이라고 할 만했다.

호텔에 여장을 풀고 브뤼셀 시내로 들어가 테라스 그늘막이 있는 레스토랑에 앉아 맥주를 마신 게 우리가 한 첫 일이었다. 세 명이서 브랜드 하나씩을 골랐는데, 브뤼셀 공항 광고판에서부터 시내 광고판까지 우리를 따라오던 레페 맥주, 한국에 위탁 생산 공장이 있는 밀맥주 호가든, 벨기에의 대표적인 필스너 라거 맥주 스텔라 아르투아를 주문했다. 레페, 호가든, 아르투아 모두 한국의 편의점에서 캔으로 살 수 있는 제품들이다. 현지에서 맛보는 술맛은 어떠한지 궁금했다. 웨이터는 작은 유리병에 담긴 맥주를 전용 술잔에다가 거품의 비율까지 조율하며 조심스럽게 따라 주었다. 한국 편의점에서 맛본 캔 제품은 가볍고 단조롭다면, 이곳에서 맛본 맥주는 화질 해상도가 달라진 듯 쨍하고 선명하고, 팽팽한 탄성까지 느껴졌다. 기분 탓이겠지 하면서도 입가에는 맥주 거품과 함께 미소가 가시지 않았다.

브뤼셀 동네 맥주 축제장에서

우리가 벨기에에 온 목적은 세종학당에서 막걸리 강의와 막걸리 빚기 행사를 하기 위해서였다. 행사는 브뤼셀 W:Hall 문화센터에서 진행되었다. 행사가 끝나자 벨기에에서의 우리의 임무도 마무리되었다. 홀가분하게 마을 길을 내려오는데, 현수막 하나가 눈에 띄었다. 마을 광장에서 맥주 축제가 열린다는 소박한 현수막이었다.

축제장은 5층 빌라들이 있는 마을 놀이터 광장이었다. 허리 높이의 간이 철책으로 구분되었고 입구에서 입장료를 받았다. 입장료를 내자 축제장 안에서 사용할 수 있는 코인을 줬고, 2유로의 보증금을 받고 맥주잔도 빌려주었다. 축제장 초입에는 어린이들을 위한 놀이기구가 있고 푸드트럭도 보였다. 축제장 안의 의자는 사료용으로 쓰는 볏단이 대신했고, 탁자는 화물 받침 나무 팔레트가 대신했다. 2차 세계대전 때나 사용했을 법한 낡은 수레에 앰프를 싣고 온 디제이 아저씨가 연주곡을 힘차게 틀었다. 빌라 주민들의 민원이 있을 법도 한데, 디제이의 표정은 밝았다. 부스는 맥주 브루어리와 펍에서 운영했다. 부스 구성은 행사용 탁자 위에 맥주 몇 병을 늘어놓는 것이 전부였다. 코인을 건네면 맥주 한 잔을 따라 주었다. 우리 셋은 맥주잔을 채우고 마을 사람들 속에 섞여 들어가 눈인사를 하고 기념사진을 찍고 건배도 했다. 주변의 시선을 의식하지 않고 춤에 열중해 있는 젊은 여성의 스텝이 무척 자유스러웠다. 그는 '이 축제의 주인공은 나야 나!'라는 듯이 이 순간을 즐기고 있었고, 그런 그를 주변 사람들도 그다지 의식하지 않았다.

한국에서 공공기관이 큰 예산을 들여 진행하는 술 축제나 코엑스처럼 대형 실내 공간에서 진행하는 박람회를 보다가 먼 나라에서 펼쳐진 마을 맥주 축제를 보니, 마치 어릴 적 동네잔치를 보는 것 같았다. 맥주 한잔하겠다고 들어왔는데, 우리는 어둠이 내릴 때까지 잔을 들고 축제장을 떠돌고 있었다.

칸티용 람빅 맥주 제조장에서

벨기에에서 우리가 처음 찾아간 양조장은 람빅 맥주를 만드는 칸티용Cantillon 브루어리였다. 호텔에서 시내를 가로질러 브뤼셀 중심부의 그랑플라스Grand-Place를 거쳐, 오줌싸개 소년 분수대를 지나 철길을 건너 주택가와 사무동들이 있는 거리에 칸티용이 있었다.

칸티용 람빅 맥주 제조장의 입구

1900년에 창업한 칸티용 브루어리는 옆 건물과 간격도 없이 붙어 있어 평범해 보였다. 칸티용의 상징 이미지가 입구에 매달려 있었다. 그 이미지는 외발로 버티면서 허리를 잔뜩 뒤로 젖히고 맥주를 마시는 남자의 실루엣이었다.

견학은 월, 화, 목, 금요일 오후 4시까지 자유롭게 가능했다. 철문을 열고 들어서자, 왼편에 안내 데스크가 있고, 앞쪽 통로가 길게 뻗어 있었다. 자유 견학은 7유로, 가이드 투어는 9.5유로인데, 각각 맥주 세 잔이 제공되었다. 화살표를 따라 한 시간 정도 자유롭게 돌아볼 수 있다고 했다. 브루어리 통로에는 병입된 맥주와 숙성 중인 맥주들이 상자에 담겨 있었다. 서너 명이 통로를 따라 걸어가면서 둘러볼 수 있는 곳이었다. 오래된 양조 설비를 그대로 유지하면서 브루어리를 개방하고 있는 모습에서, 그들만의 자부심이 느껴졌다.

1층 가장 안쪽에 1번 방 원료 처리실이 있었다. 그곳에서부터 견학이 시작된다. 맥아를 달이는 솥이 천장을 뚫고 2층까지 올라가 있고, 맥즙을 여과하는 통 안에는 회전 날들이 있고, 동력을 전달하는 벨트와 바퀴들이 천장에 올라붙어 있었다. 우리네 예전 방앗간이 연상되었다. 지금도 이 장비들로 1년에 25만ℓ의 맥주를 생산하고 있었다. 좁은 계단으로 2층 2번 방에 올라가니 동으로 된 당화 솥이 있고, 솥 안의 열관과 교반기도 들여다볼 수 있었다. 관들이 복잡하여 청소하기도 쉽지 않아 보였다. 물을 끓이는 솥도 있고, 낡고 오래된 맥아 분쇄기도 있었다. 맥아는 3층에서 관을 타고 내려와 맥아 분쇄기로 들어왔다. 3층 3번 방에는 낡은 오크통이 있고, 맥주를 배달했던 수레와 지금은 사용하지 않는 낡은 기물들이 있었다. 3층의 다락방에 4번 방이 있는데, 그곳에 맥아를 만드는 동으로 된 장비가 있었다.

옆 건물로 이어진 5번 방에는 맥주가 숙성되고 있는 오크통이 있고, 배달을 앞둔 맥주 케그 통이 자리했다. 오래된 구식 여과기들이 있고 세탁실도 있었다. 6번 방에는 스테인리스 발효통과 숙성 오크통이 있었다. 6번 방을 지나 계단을 내려가자, 다시 1층 안내 데스크가 나왔다. 안내 데스크 옆쪽으로 7번 방 병입실, 8번 방 숙성실이 보였다. 1층 1번 방이 시작되는 곳 바로 옆에 시음장으로 이어지는 계단이 있었다. 시음장에 들어가자 우리는 거대한 짐승의 내장 깊숙한 곳까

^ 람빅 맥주가 숙성되고 있는 오크통

지 들어온 기분이었다. 3층 구조의 제조장 건물이 큰 짐승이라면, 벨트는 혈관이고 톱니바퀴는 관절이고 당화 솥과 여과통은 장기이며, 삼각 트러스 구조 천장은 짐승의 등과 같았다.

람빅 맥주, 괴즈Geuze와 크릭Kriek을 맛보았다. 람빅Lambic은 벨기에 할러의 렘비크Lembeek라는 지명에서 유래했다는 설이 유력하다. 1950년대까지만 해도 벨기에 수도 브뤼셀에 람빅 맥주 제조장이 열 개가 넘었는데 와인의 인기에 묻히고 존재감이 약해지면서 람빅 맥주를 지키자는 운동까지 일었다. 람빅은 발효할 때 천연 효모를 사용한다. 그래서 부산 산성누룩을 썼을 때 종종 따라오는 막걸리의 신맛을 닮기도 했다. 람빅을 맛보니 산도가 높아 꼭 홍초 음료를 마시는 것 같았다. 괴즈는 신맛의 부드러움을 더하고자 기획된 제품 같다. 괴즈는 신선한 맥주와 오래 숙성되고 단맛이 도는 람빅 맥주를 섞은 뒤 1~2년 정도 2차 발효를 시켜 만든다. 그래서 탄산감이 있고 부드럽고 산뜻한 신맛이 돌며, 묵은 효모에서 나는 쿰쿰한 향도 올라온다. 크릭은 람빅 맥주에 달콤한 체리주스를 첨가해 2차 발효한 것이다. 거품과 탄산이 있고, 달콤하고 상큼한 과일주스 맛을 닮았다. 붉은 체리색이 돌고 로제 와인 색과 흡사하다. 식전주로 마시면 식욕이 돌 것 같다. 우리는 빈속이라 람빅도 크릭도 많이 마실 수가 없었다. 뽀득뽀득해지는 치아를 의식하며 시음 수준에 그쳐야 했다.

칸티용 시음장에는 나이 지긋한 장년의 친구들이 오랜만에 만났는지 사진을 찍으며 웃음꽃을 피우고 있었다. 하지만 그들도 신맛을 의식해서인지 술잔을 부딪치는 속도는 빠르지 않았다. 벨기에 사람들은 람빅이 있으니 소화제가 필요 없겠다는 생각이 들었다.

젊은이들이 펀딩으로 창업한 브뤼셀 비어 프로젝트

브뤼셀에서 두 번째로 찾아간 브루어리는 2013년 369명이 참여하여 크라우드 펀딩으로 창업한 브뤼셀 비어 프로젝트 브루어리였다. 비어 프로젝트는 입구에 술 박스를 쌓아 두고 맥주를 파는 평범한 펍이었다. 그런데 펍의 안쪽으로 들어가자, 맥주 제조장이 나왔다. 펍에서는 브루어리에서 갓 만든 신선하고 실험적인 맥주를 다양하게 팔고 있었다.

우리는 펍의 창가 쪽에 자리를 잡고 앉았다. 벽면에는 지금까지 만든 많은 맥주 상표들이 붙어 있고, 다른 벽면에는 큼지막하게 "LEAVE THE ABBEY JOIN THE PLAYGROUND"(수도원을 떠나서 광장에서 만나자)라고 적혀 있었다. 수도원 맥주를 공격하면서 창의적인 맥주, 다양한 맥주를 즐기자는 슬로건이었다.

매장 안쪽으로 오크통과 스테인리스 발효통, 당화 솥과 여과통이 있는데, 그 바로 앞까지 테이블이 놓여 있었다. 한쪽에서 맥주를 만들고 다른 한쪽에서는 맥주를 마신다. 발효 식품의 장점을 살려 브뤼셀의 빵집에서 팔다 남은 빵을 공급받아 맥아의 20%를 빵으로 대체하여 맥주를 만들기도 했다. 출시하는 제품이 많다 보니, 해마다 자체 양조장에서 만든 맥주 중 최고의 맥주를 선정하여 차별화된 마케

◆ 브뤼셀 비어 프로젝트 브루펍 안의 맥주 제조장
◆ 브뤼셀 비어 프로젝트 브루펍의 탭들

팅도 시도했다. 다른 양조장과 협업도 하고 다른 지역의 효모도 가져다가 썼다. 브루어리 안에서는 10개국의 국적을 지닌 팀원 30여 명이 일하고 있어서 개방과 통합의 정신도 지니고 있었다.

처음 개발한 Delta IPA 맥주로 펀딩 자금을 모았고, 공예가와 예술가와 협업하여 창의적인 맥주를 만들었다. 펍 안쪽에 있는 맥주 제조 장비들은 소박했다. 다품종의 맥주를 소량으로 만들 수 있는 설비들이어서, 큰 공방 같았다.

맥주 탭이 설치된 바에는 수십 종류의 생맥주를 팔고 있는데, 모든 종류의 술을 샘플러 잔에 맛볼 수 있도록 배려했다. 그들의 또 다른 슬로건은 '요리사가 요리하듯이 양조한다'는 것이다. 술맛은 똑같아야 한다, 제품은 일관성이 있어야 한다는 게 주류업계의 불문율인데, 비어 프로젝트에서는 창의적인 레시피에 소재의 다양성을 부여하여 새로운 요리를 내놓듯이 제품을 출시했다. 한 달에 하나씩 신상품 맥주를 출시하고 있으니, 놀라운 실험을 하고 있는 셈이다. 맥주 바의 탭은 세 개 영역으로 분리되어 있었다. 상표가 붙지 않은 왼편 탭의 맥주들은 이제 막 완성된 신상품이고, 그 신상품 중에서 인기가 있는 것은 상표가 완성되어 오른쪽 탭에서 팔리고, 베스트셀러들은 중앙 탭에 배치되어 팔렸다.

우리는 20종의 샘플러를 맛보면서 직원에게 설명을 부탁하자 양조사이기도 한 홀 매니저가 테이블에 붙어 서서 열정적으로 설명을 해 주었다. 짠맛 나는 맥주는 바닷가 지방의 염기 있는 지하수로 빚었기 때문이란다. 시고, 쓰고, 달고, 짜고, 초콜릿 맛이 돌고, 망고

맛이 돌고, 섞일 수 있는 모든 향과 맛이 비어 프로젝트 맥주 속에 녹아들어 있었다. 같은 레시피라도 다른 지역의 효모를 써서 다양한 맛을 구현하기도 했다. 갓 빚은 다양한 맥주를 마시면서 그 향과 맛에 흠뻑 매료되었다.

찻집에서는 모든 차를 마시려 들지 않는데 펍에서는 모든 맥주를 종류별로 마시려 든다. 그래서 맥주잔을 든 우리 손은 바쁘고, 우리를 충동하는 맥주는 불량한 친구처럼 나쁘다.

마레드수스 수도원의 애비 맥주

브뤼셀에서 렌터카를 빌려 벨기에의 남부 지역 왈로니아에 있는 마레드수스 수도원Maredsous Abbey을 찾아갔다. 브뤼셀에서 100km 정도 떨어져 있는 곳이었다. 차가 수도원에 접근할수록 완만하게 길을 감아 도는데, 숲길을 지나자 편안한 산언덕에 수도원 건물이 나타났다. 한 가문에 의해서 1872년에 설립되었고, 1878년 교황 레오 13세에 의해 수도원으로 승격된 베네딕토회 수도원이다. 키 큰 나무 그늘 밑에 차를 세워 놓고, 우리가 찾아간 곳은 기념품 가게가 붙은 레스토랑이었다. 그곳에 수도원 방문 프로그램이 있어 예약을 하고 레스토랑에 앉아 수도원 맥주를 주문했다.

이곳에서 판매하는 마레드수스 맥주는 수도원 안에서 만들고 있진 않았다. 수도원 담장 너머로 높은 굴뚝이 있나 둘러보았지만, 맥주 제조장으로 보이는 건물은 없었다. 마레드수스 맥주는 벨기에의 북쪽 지방인 앤트워프주의 듀벨 무르트가트Duvel Moortgat 양조장에서 빚어지고 있다고 했다. 그러니 맥주 제조장의 향기가 이곳까지 올 리가 없다.

짝퉁은 어디서든 범람하는가 보다. 유사 수도원 맥주를 구분하기 위해 1997년 국제 트라피스트 협회가 결성되어 인증 조건과 인증 마크를 만들었다. 트라피스트 맥주는 수도원 담장 안에서 수도사들의 관리하에 양조되어야 한다. 그러나 양조는 수도사의 중요한 관심사가 되어서는 안 된다. 양조를 통한 수입은 수도사의 생활비, 수도원의 유지 보수비로 충당되고 그 외의 수익은 자선 목적으로 기부되어야 한다. 그리고 완전무결한 품질을 보증하기 위해서 트라피스트 협

마레드수스 수도원의 레스토랑에서 주문한 맥주와 안주

회의 감독을 받아야 한다. 그래야 트라피스트 맥주는 육각형의 정품 마크를 붙일 수가 있다.

그리고 또 다른 수도원 맥주가 애비 맥주다. 애비 맥주는 수도원의 승인을 받아 수도원 스타일로 수도원 바깥의 세속 양조장에서 빚어진다. 마레드수스 맥주는 수도원의 승인을 받아 빚어지는 애비 맥주 중 하나였다.

마레드수스 수도원의 레스토랑에서 파는 마레드수스 맥주는 블론드Blonde Ale(6%), 브륀Brune(듀벨, 8%), 트리펠Tripel(10%) 세 종류였다. 수도원의 창밖 뜨락을 바라보며 농밀한 맥주 맛을 보는 기분이란, 대웅전 법당 안에다가 밥상을 차려 놓고 식사를 하는 기분이었다. 그런데 어색한 느낌이 들면 들수록 특별한 느낌은 더 증폭되었다.

수도사를 따라 수도원을 둘러보는데, 처음 안내받은 곳이 치즈 제조장이었다. 장식이 없는 방 안으로 우리를 안내하더니 수도사가 치즈를 소개한 다음, 비밀의 문을 열고 치즈가 숙성되는 방을 보여줬다. 북처럼 생긴 덩어리 치즈가 선반 위에 가득 쌓여 황금색으로 빛나고 있었다. 2016년 치즈 박물관이 개관했는데, 우리는 그중 일부를 본 것이다. 수도원 마당을 지나 신고딕 양식의 회색 석조건물인 수도원 내부로 들어가니, 회랑 복도가 길게 이어지는데 한쪽은 유리창으로 빛이 들고 다른 쪽은 기도실과 수도사의 방들이 배치되어 있었다. 문을 빼꼼 열자 어둡고 단정한 기도실 안에 십자가가 보였다. 수도사들이 보이지 않아 적막한 기운이 돌았다. 높은 수도원 외벽을 따라 걷는데 이곳은 세월이 흐르지 않는 곳 같았다. 바쁠 것도 없고 나무와

풀들은 바람에 쓸리는데, 다시 백 년이 흐른다 해도 이대로일 듯했다.

후드득 빗방울이 떨어졌다. 수도원 안에서는 호쾌하게 술을 마실 수가 없다. 아니, 맥주는 호쾌하게 마시는 것이 아니라는 걸, 수도원 맥주는 말하고 있었다. 아쉬움이 남아 발길을 돌리려는데, 우리를 안내한 벨기에 한인 여성이 부근에 수도원 맥주를 만드는 곳을 섭외해 두었다고 했다. 얼마나 기쁘던지, "치어스Cheers!" 소리가 절로 나왔다.

올른 수도원의 애비 맥주

마레드수스 수도원을 나와 왈롱 상브르강 강변에 위치한 올른 수도원Aulne Abbey을 찾아갔다. 수도사가 없고 폐허가 된 지도 오래였다. 그 무너진 곳에 세월이 더해져 처연하고 아름다운 곳이 되어 있었다. 지하 계단을 지나 넓은 정원으로 들어갔다. 정원 연못을 가운데 두고 온전하게 남은 첨탑 성당이 있고, 수도원 석조건물이 웅장하게 서 있었다. 담쟁이넝쿨이 벽을 타고 올라가고 아치형 석조 기둥 사이로 난 출입구를 지나니, 또 다른 웅장한 건물이 나왔다. 세월을 달리하여 구축되었을 벽돌과 대리석으로 된 건물 중 홑 벽만 남은 곳도 있었다. 올른 수도원은 657년 베네딕토회 수도원으로 설립되었고, 베네딕토에서 분화된 시토 수도회 소속이었다. 1794년 프랑스 혁명군에 의해 불태워졌고, 1859년까지 마지막 수도사가 있었다.

폐허로 남은 올른 수도원 건물

시토 수도원은 전통적으로 농업과 포도 재배와 에일 양조를 통해서 경제력을 유지해 왔다. 올른 수도원은 중세 때부터 맥주를 빚었는데, 수도사들의 금식 기간에도 맥주가 제공되었다. 1752년 화재로 양조장이 소실되었다가 1796년에 재건되었고, 1850년 무렵까지 양조 활동이 이어졌다. 현재 올른 수도원은 왈롱 지역의 역사기념물로 지정되어서 방문객을 위한 카페와 양조 설비를 갖추고 있었다. 우리가 방문했을 때는 코로나로 운영이 중단된 상태였다. 1950년 맥주 양조장이 재건되어 1954년 애비 올른Abbaye d'Aulne 브랜드가 부활됐다. 현재는 수도원에서 18km 떨어진 발 드 상브르Val de Sambre 브루어리에서 맥주를 생산하고 있다. 우리는 수도원으로 오던 길에 상브르 양조장을 둘러보았는데 현대적인 시설을 갖추었고, 아시아에도 맥주를 수출할 정도로 큰 규모였다.

트라피스트 맥주는 수도원 안에서 빚어지지만, 애비 맥주는 수도원 밖 양조장에서 빚어진다. 벨기에에서 애비 맥주 인증Biere Belge D'Abbaye을 받으려면, 그곳이 마레드수스 수도원처럼 현재 운영되거나, 올른 수도원처럼 운영되지 않고 유적으로 남은 수도원이거나 어느 쪽이든 수도원과 법적 계약이 되어 있어야 한다. 양조장은 수도원의 홍보 지침을 따라야 하되, 수도원의 문화유산을 보존하기 위한 기금을 기부해야 한다. 그런 애비 맥주 브랜드가 벨기에에 23종이 있고, 그곳에서 만든 제품이 90개 이상 된다.

폐허가 된 올른 수도원, 그렇지만 그곳에 최후까지 남은 것은 맥주 브랜드다. 금식 기간에 수도사를 지켰던 맥주가 이제는 폐허가 된 수도원을 지키고 있다. 수도원에서 우리는 발 드 상브르에서 만든 애비 올른 맥주를 맛보고, 크리스마스 에디션으로 만든 하얗게 포장된 맥주 한 상자를 사 들고 한국으로 돌아왔다. 맥주를 마시면 수도원의 기금도 쌓이겠지!

람빅 맥주 애비 맥주

부다페스트 도나우강 강변에서 술을 나누다

#한국 대표 술 #청송백자 #K-POP 플래시몹

술은 나누기 좋은 음식이다. 술자리는 주객이 따로 없이 서로 주거니 받거니 한다. 술값은 누가 내느냐, 술자리를 누가 개최했느냐의 차이는 존재하지만, 술상 앞에 앉으면 금방 평등해진다. 어느 행사장이든 술을 아무리 많이 부려 놓아도 왜 그렇게 많이 가져왔냐고 질타를 받지 않는다. 행사가 끝나고 나면 배에 담지 못한 술들은 군말 없이 지고들 간다. 내가 마시지 않더라도 누군가에게 선물로 줄 수 있기 때문이다. 술은 음식임에도 배부르기 위해서가 아니라, 서로 소통하기 위해서 마신다. 그 양이 적으면 적은 대로, 주종을 가리지 않고 함께 나눌 수 있다. 적게는 10㎖ 정도가 담기는 술잔으로도 건배한다. 한 잔에 10㎖면 마오타이 500㎖ 한 병으로 50명이 나눌 수 있다.

술은 지역색을 띠고 명주는 출신지가 분명하다. 술은 땅에서 나는 곡물과 과일로 만들어진다. 어느 땅 어느 지역에서 나는 산물이냐

헝가리 한국의 날 행사에서 직접 막걸리 빚기 시연을 했다.

에 따라 술맛이 달라진다. 그래서 술은 애국주의와도 쉽게 결합한다. 일본에서는 공공기관에서 지역 술로 건배하자는 구호를 외친다. 헝가리 외교공관에서도 헝가리 와인으로 건배하라는 지침을 내리고 있다. 외교는 소통인데, 소통에 가장 쉽게 동원되는 도구가 술이다. 건배주, 만찬주 따위가 그래서 존재한다. 술은 부피에 견주어 높은 가격을 책정할 수 있는 상품이라 면세점에서도 팔기 좋다. 술은 문화의 옷을 입으면 더 높은 가격을 받을 수 있다. 내 나라의 문화 상품, 내 나라의 술로 소통하는 것은 지극히 자연스럽고 당연한 일이다.

헝가리 문화원으로부터 한국 술 행사를 제안받았을 때 고민을 많이 했다. 유럽인들, 헝가리 사람들이 한국 술을 알까? 홍보 시음회를 하더라도 홍보만 하면 무어란 말인가? 술은 예술품이 아닌데. 술이 맛있다면 맛본 이들이 구하고 싶어 할 텐데, 구할 수가 없다면 허망한 일이 아닌가? 헝가리 어디선가 그 술이 팔리고 있어서, 헝가리인들이 맛볼 수 있어야 할 텐데? 헝가리에는 한국 술이 얼마나 진출해 있나? 궁금했다. 그래서 문화원과 한국 술 수출지원협의회에 물어보았다.

헝가리 한국문화원에서는 헝가리에서 한국 전자제품 판매는 활발히 이뤄지고 있지만, 한국 식품이나 술의 유통은 아직 기대하기 어렵다고 했다. 헝가리에서 한국 술을 내놓는 건 손님을 환대하고 소통하기 위함이며, 이를 통해서 한국 문화를 알리는 데 그 의미를 두자고 했다.

최남선이 선정한 조선 3대 명주

전통주수출협의회와 막걸리수출협의회를 통해서 알아보니 일본, 중국, 동남아시아, 그리고 미국 교포 사회 시장에 한국 술이 진출해 있다고 했다. 유럽은 미개척지로 남아 있고, 아직은 도전 중이라고 했다. 그렇다고 우리의 행사가 판촉 행사는 아니니, 한국 문화와 한국 술의 특징을 보여줄 수 있는 20종 200여 병을 가져가기로 하고 목록을 짰다.

3대 국가무형문화재인 문배주, 두견주, 경주교동법주, 그리고 최남선 선생이 조선 3대 명주로 꼽은 감홍로, 이강고, 죽력고를 챙겼다. 또 수출을 잘하는 안동소주, 금산인삼주, 진심홍삼주, 화요, 오미나라의 달, 약주로는 명인 한산소곡주, 문경주조의 문희, 예술의 동몽, 배상면주가의 산사춘, 와인으로는 한국애플리즈의 한스오차드, 청도감와인, 막걸리로는 우리술의 가평잣막걸리, 배혜정도가의 부자를 챙겼다.

우리의 행사 주제는 헝가리인들과의 '대작對酌'이었고, 대작에 어울리는 인사말을 붙였다.

술은 사람과 사람을 이어 주는 다리입니다.
한국인들은 혼자 술을 마시는 것보다, 여럿이 함께 마시는 것을 즐겨합니다. 이때 자신의 술잔을 자신이 직접 채우는 경우는 드

뭅니다. 상대방이 나의 술잔을 채워 주거나, 내가 상대방의 술잔을 채워 줍니다. 술을 받는 사람은 술잔을 들고 있거나, 급하게 술잔에 손을 대기도 합니다. 이는 상대방의 호의를 정중하게 받아들이는 예절입니다. 때로 자신의 잔을 비우고, 그 술잔을 상대에게 건네 술을 따라 주기도 합니다. 그러면 상대방은 술잔을 비우고, 상대에게 술잔을 돌려주면서 술을 따라 줍니다. 이렇게 주거니 받거니 하면서 사이좋게 술 마시는 것을 '대작'이라고 합니다.

오늘은 헝가리 사람들과 대작하고자 합니다.

한국인과 친구가 되려면 함께 술잔을 부딪쳐야 합니다.

함께 술 한잔합시다.

술을 통해 한국 문화를 보여줘야 하니 술상, 술병, 술잔을 준비해야 했다. 술병과 잔은 개인 작품보다는 공동체가 만드는 작품이면 좋겠다 싶어 청송백자를 섭외했다. 술은 500㎖ 용량으로 200병이 넘어 250kg 정도, 청송백자도 달 항아리를 포함하여 열 상자 정도를 외교 행랑에 담아 헝가리 한국문화원으로 보냈다.

외교 행랑 운송비가 술값과 달 항아리값을 합한 것만큼 나왔다. 헝가리에 도착하여 외교 행랑이 무사히 도착한 것을 확인하고 나서야 느긋하게 숙소 주변을 돌아보았다. 4월 첫 주인데 찬바람이 묻어 있었다. 3월 마지막 주부터 날이 풀리면서 꽃이 피기 시작했다지만, 한국에선 3월에 피는 개나리, 4월에 피는 라일락, 6월에 피는 마로니

에꽃이 헝가리에서는 동시에 피어나고 있었다. 꽃들도 사정이 있겠지만, 풍토의 다름이 느껴졌다.

헝가리 부다페스트에서는 4월이면 스프링 페스티벌, 봄 축제가 열린다. 이 기간에 '한국의 날 행사'가 열리고, 그 행사의 하나로 한국 술 시음 홍보회를 여는데 한국 막걸리 빚기 체험과 한국 전통주 전시 시음회, 전통 백자 전시회가 기획되었다.

한국의 날 행사가 열린 헝가리 발나Balna 컨벤션 센터 창밖으로 도나우강 강물이 흘렀다. 강물 위로 아름다운 다리들이 걸려 있었다. 강 건너편으로는 헝가리 공과대학, 겔레르트 온천, 그리고 치타델라 요새의 소녀상이 보였다. 헝가리에서 가장 화려한 곳에서 한국 행사가 진행되었다.

임근형 헝가리 한국 대사가 주관한 한국의 날 행사 개회식에는 헝가리에 주재한 외교관들과 헝가리 의회 의원들, 주재 언론인들이 초대되었다. 프랑스 한국 대사관 근무 이력이 있어서 와인에도 정통한 임 대사는 헝가리 전통술 팔링커를 칭찬하면서, 한국의 문화재로 지정된 술들을 소개했다. 대사의 메시지 속에는 우리가 당신들을 좋아하니, 당신들도 나를 좋아해 달라는 뜻이 담겨 있었다.

개회식에서 나는 막걸리 빚기를 시연해 보였고 한국 술의 매력을 소개했다. 참석자들은 한국 술을 진지하게 맛보면서 덕담을 아끼지 않았다.

일반인들을 대상으로는 사전 예약을 받아서 3일 동안 세 차례에

한국 술을 시음하는 헝가리 사람들

걸쳐 한국 전통 누룩과 쌀을 재료로 막걸리 빚기를 진행했다. 한국에서 가져온 누룩을 사용하고, 고두밥은 문화원 주방에서 미리 쪄 왔다. 또한 헝가리 시민들을 대상으로 시음회를 했다. 한국 술을 맛보려고 기다리는 사람들의 줄이 길었다. 한국 술을 맛본 적이 없을 텐데 무엇 때문일까? 그들은 한국 술에 어떤 기대를 하고 줄을 서는 것일까? 한국 술을 맛보기 위해 술잔을 내미는 그들을 보고 있자니, 술이 그들에게 말을 걸고 있다는 생각이 들었다. 술이 독하면 독하게, 부드러우면 또 부드럽게 한국을 기억하게 될 것이라는 기대감도 들었다.

술 행사장 옆에서는 다양한 한국 문화 행사가 진행되고 있었다. 한복 입고 기념 촬영하기, 한지로 방패연 만들기, 먹으로 탁본 뜨기, 바둑판에 오목 두기, 먹을 갈아 붓글씨 배우기, 한글 쓰고 소리 내서

K-POP 플래시몹 행사장에서 춤을 추는 헝가리 소녀들

읽기, 소고 두드리기, 실로 매듭 엮기, 한국 e-스포츠 게임 즐기기, 레일 위의 소형 모터 조종하기 등등 한국 문화 콘텐츠가 이렇게 다채로웠나 싶게 다양한 놀이와 체험이 진행되었다. 다른 홀에서는 한국 음식 맛보기, 한국 전통 문양이나 태극기 스티커를 볼이나 팔에 붙이기, 한국 음악 공연 등이 이뤄지고 있었다.

그중에 압도적인 행사는 K-POP 동아리들이 선보인 춤과 노래였다. K-POP 플래시몹*이 펼쳐지고 있었다.

---

* Flashmob. 불특정 다수가 정해진 시간과 장소에 함께 모여 주어진 행동을 하고 곧바로 흩어지는 행사.

K-POP 음악이 실내에 요란하게 퍼졌다. 무대의 경계도, 참여자와 관객의 경계도 따로 없었다. 그냥 실내 중앙에 10~20대로 보이는 헝가리 소녀들이 모여 있고, 그들이 둘러 모인 중앙에 무대가 형성되었다. K-POP이 흘러나오면 소녀들이 중앙으로 튀어나와 가로세로 줄을 맞춰 군무를 췄다. 박진감 있고 속도감 있는 댄스곡과 반복적인 랩의 리듬에 맞춰 춤을 췄다. 30초가 지나자 음악이 갑자기 끊겼고, 소녀들은 조용히 제자리로 돌아갔다. 몇몇 곱상한 소년들이 그 틈에 끼어 있었다. 숨 한 번을 고르고 나자, 다시 K-POP이 흘러나왔다. 그 리듬과 춤을 아는 이들이 쏜살같이 중앙으로 튀어나와 춤을 췄다. 보아하니 K-POP 히트곡이 나오면 '떼창' '떼춤'이었고, 최신곡이나 어려운 곡이 흘러나오면 예닐곱 명이 나와 춤을 추고, 때로 덜 알려져 생소한 곡이 나오면 혼자서 춤을 추는 경우도 있었다. 혼자 춤을 추는 이에게는 박수와 환호가 쏟아졌고, 그는 주인공이 되어 무대를 사로잡았다.

이날 준비된 K-POP은 100곡이었다. 헝가리에 한국 문화 동아리가 170개 정도 있는데, 그중 100개 정도가 K-POP 동아리라고 한다. 이날 행사는 규모가 큰 동아리 서너 팀이 공동 주관하고 있었다. 간단한 이동용 앰프와 스피커가 준비물의 전부였다.

K-POP 놀이를 지켜보고 있자니 얼이 다 빠져나가는 것 같았다. 한국에서는 보지 못했던 풍경을 헝가리에서 보았다. 그리고 술 전시 시음장으로 돌아와, 한국 술을 맛보기 위해서 길게 줄을 서 있는 헝가리인들을 보니, 비로소 한국 술에 관심을 갖는 헝가리인들의 마음을

이해할 수 있었다.

그들은 조금이라도 더, 조금이라도 다른 방식으로 한국을 알고 싶었던 것이다. K-POP의 나라, K-DRAMA의 나라를 이해하고 싶은 마음이 한국 술에까지 미친 것이다. 낯선 나라의 낯선 술을 기꺼이 받아들이는 이들이라면, 낯선 문화를 기꺼이 받아들이는 이들이다.

이어 헝가리 한국문화원 김재환 원장을 만나 헝가리 사람들을 좀 더 이해할 수 있었다.

"헝가리인들은 무언가를 좋아하면 전문가 수준으로 파고듭니다. 한국 드라마, 한국 영화, K-POP, 한국 무용, 가야금, 한국어 배우기에서도 그 성향을 확인할 수 있습니다. 헝가리 한국문화원에서 한국어 강습생을 30명 정도 모집하는데, 180명이 지원했어요. 지금은 유료 강좌로 진행하는데, 드라마반, 예비시험반, 심화반 등으로 분화되어 한국어반이 스물세 개나 됩니다. 한국어를 배우려는 이유는 영화, 드라마, K-POP에 다가가기 위해서 등 다양합니다. 2008년 3월, 드라마 〈대장금〉이 유럽에서 처음 방영된 곳이 헝가리입니다. 처음 한국 외교부에서 〈대장금〉 방영을 제안했을 때, 모든 사람이 반대했습니다. '할리우드가 와도 안 먹히는데 한국 드라마가 와서 어떡하려고? 남자 배우가 총 한 번 안 쏘는데 음식 이야기로 되겠어?'라는 반응이었습니다. 한국 기업의 광고가 붙어 평일 밤에 방송이 잡혔는데, 갑자기 아침 방송으로 바뀌었습니다. 헝가리는 아침 드라마가 없으니, 그 결정이 생뚱맞았죠. 그런데 시청률이 높아서 그해 8월 낮에 재방송되고, 2009년에는 저녁 7시 뉴스를 밀어내고 방송됐습니다. 평균 시청률이 24.1%가 나왔고, 최고 34.2%까지 기록했죠. 헝가리 국영 방송(MTV) 편성국장이 와서 시간을 바꿔 미안했다고 사과할 정도였습니다. 〈대장금〉이 그해 헝가리에서 최고의 드라마 프로그램으로 선정되기도 했습니다. 그 뒤로 〈선덕여왕〉, 〈허준〉 등이 방영되고 한국 음식에 관심을 갖는 헝가리인들이 늘어났습니다. 파리나 런던은 문화적 우월감에서 한국 문화를 낮게 보는 오만함이 없지 않지만, 헝가리는 편견 없이 한국 문화를 바라봅니다. 그래서 헝가리는 유럽에서 한국 문화가 진입하기 쉬운 곳이기도 합니다. 올해도 〈도깨비〉가 방영되자, 일주일 뒤에 헝가리어로 번역되어 인터넷에 돌아다녔습니다. 헝가리 초등학생들이 칼싸움을 하면서 '나는 김유신이다'라고 말하는데 그때는 기분이 묘하죠. 헝가리인들이 한국 문화를 진심으로 좋아하고 즐기는 것을 보면, 부채 의식이 생길 정도입니다."

한국의 날 행사가 다 끝나고, 한국에서 온 행사 참가자들, 심청 공연팀, 국립민속박물관 어린이박물관팀, 막걸리학교팀이 헝가리 한국 대사관저로 초대를 받았다. 임근형 헝가리 한국 대사는 샴페인 한 잔씩을 권하며 헝가리 한국 대사관저에 얽힌 이야기를 들려주었다.

"한국과 헝가리의 수교는 한국 외교사에서 한 획을 그은 중대한 사건입니다. 고르바초프의 개혁과 개방 정책으로 동구권이 해체되면서 변화를 겪는데, 이때 한국은 러시아와 수교를 맺으려고 했지만 여의치가 않았습니다. 그래서 돌아가자는 계획을 세우고 동구권에서 개혁적인 성향을 지니고 있던 헝가리를 첫 대상으로 삼았습니다. 1989년 헝가리와 수교를 맺어 돌파구를 마련하였고, 그 성과를 바탕으로 1년 안에 이웃한 폴란드, 유고슬라비아, 체코, 불가리아, 루마니아와도 잇달아 수교를 맺게 되었습니다. 그리고 1년이 지난 1990년 러시아와 수교를 맺게 되었고, 1992년 중국과도 수교를 맺었습니다. 한국 외교사에서 사회주의 국가들과의 북방 외교의 물꼬를 튼 곳이 헝가리였죠. 헝가리와 수교를 맺으면서 북한을 의식해 비밀리에 헝가리 외교부의 별장에서 협상했는데, 나중에 그 별장을 우리에게 달라고 했습니다. 그 장소가 바로 대사관저입니다."

와인 전문가이기도 한 임 대사는 헝가리 사람들에게 한국 술을 소개할 때 "한국적인 맛을 그대로 소개할 것인가, 헝가리 사람들의 취향에 맞춰 낼 것인가 고민이 필요한데 그러려면 술에 대한 철학이

헝가리 한국 대사관저

필요합니다"라고 했다. '손님이 찾아왔을 때 집안 음식을 그대로 내놓을 것인가, 손님의 취향과 몸 상태에 맞춰 내놓을 것인가'라는 질문과 통하고 있었다. 아무리 좋은 술이라 하더라도 상대가 알아주지 못하면 술은 불편하고 해로운 액체에 불과하니, 술을 내놓기 전에 알아야 할 것이 있는 셈이다. 그것은 상대방의 문화와 마음일 것이다.

한국 술을 맛보기 위해서 길게 줄을 섰던 헝가리 사람들의 표정이 지금도 눈에 선하다. 하루 행사가 끝나면 저녁 9시가 넘는데, 부다페스트 도나우강의 야경을 보면서 숙소로 가는 길이 좋았다. 강물에 어린 불빛과 강 건너편을 바라보면서 되도록 천천히 걸었고, 그 길이 한없이 이어졌으면 좋겠다는 생각이 들었다. 강 건너 겔레르트 언덕 정상에는 종려나무 잎을 든 소녀상이 흰 조명 속에 두 팔을 벌리고 서 있었다. 소녀상은 2차 세계대전 종전 기념으로 세운 것이라서 씩씩하고 비장했다. 언덕의 이름 '겔레르트'는 수도사의 이름인데, 겔레르트 수도사는 1045년 이교도들에 의해 와인통에 갇혀 도나우강으로 굴러떨어져 순교했다고 전한다. 처형의 도구로 와인통이 사용되다니, 술이 뭔가 잘못된 일에 가담한 공범자처럼 들렸다.

술은 칼과 같아 편리하기도 하고 위태롭기도 하다. 어떻게 쓰느냐, 누가 쓰느냐에 따라 달라진다. 술이 외교에 쓰이고, 외교관과 친한 이유도 그 때문일 것이다.

유상곡수,
왕희지의 난정에 앉아

#난정기 #소흥주 #계주사

소흥 계주사에 있는 '유상곡수연' 그림, 〈난정수계도〉

신년회를 가려고 전철을 탔다. 고개를 숙이고 핸드폰을 바라본다. 문자 몇 개를 보내고 열린 문밖을 바라본다. 내가 내릴 아홉 번째 역은 바로 앞서 지나쳤다. 급히 내려 되돌아간다. 그래도 전철역은 되돌아갈 수 있어서 좋다. 빨리 달려가 버리는 세월은 되돌아갈 수 없다. 고개 한번 숙이고, 잠시 내 일에 몰입했더니 세월이 흘러가 버렸다. 1년이 삼백예순다섯 날이라지만, 어둠이 왔다 빛이 드는 찰나처럼 지나가 버린다. 이 안타까운 마음을 한문 서체의 한 장르를 만든 서성書聖 왕희지(303~361)도 글로 남겨 두었다.

왕희지는 353년 동진 왕조에 살며 산음현 회계내사會稽內史로 재직하고 있었다. 50세가 되던 해, 음력 3월 3일 삼짇날에 회계산 북쪽 난정蘭亭에서 당대 문인들을 초대하여 액운을 떨쳐 버리기 위한 계사禊事를 열었고, 자신까지 마흔두 명이 모였다. 이날 물이 굽이쳐 에돌아가는 유상곡수처流觴曲水處에 앉아 술을 마시고 시를 지었는데, 그 시를 알뜰하게 문집 『난정집』에 남겼다. 그 문집의 서문, 「난정기蘭亭記」를 왕희지가 썼는데, 다시없을 명문이란다. 그 한 대목이다.

> 暫得於己 快然自得 曾不知老之將至
> *잠시 자기 뜻을 얻어서*
> *유쾌하게 스스로 만족하여 지내다 보니,*
> *늙음이 다가오는 것을 알지 못하였네.*

열심히 살아가는 사람일수록, 그리고 만족스럽게 살아가는 사람일수록 세월 가는 줄 모르다가 문득 늙음이 다가온 것을 알고 소스라친다. 지난해 뵌 은사님은 연로한 아버님의 병시중을 하고 났더니, 벌써 자신도 아버지의 나이가 되어 몸이 성한 데가 없다고 했다. 세월은 그렇게 전철 창밖으로 정류장이 지나듯이 달아난다. 혹여 늙음을 동정하는 젊은이가 있을까 봐 왕희지는 「난정기」에서 이런 말까지 해두고 갔다.

後之視今 亦猶今之視昔 悲夫

후세 사람이 지금 우리를 보는 것 또한
지금 우리가 옛사람을 보는 것과 같으니,
슬프도다.

모두가 슬프니까, 누가 누구를 동정할 것 없다는 뜻도 담겨 있다. 난정이 있는 소흥은 정치가 주은래, 소설가 노신, 양명학의 창시자 왕양명, 이백을 현종에게 천거했던 하지장, 월나라 미녀 서시, 이들이 세월을 달리하여 살았다. 이백도 자신을 '적선謫仙(귀양 온 신선)'이라고 평했던 술 선배 하지장을 만나러 이 고장을 찾아왔었다.

난정은 소흥의 외곽에 있다. 왕희지의 난정에 들어서니 연못 아지鵝池가 보였다. '아鵝' 자를 풀면 '나我의 새鳥'라는 멋진 호칭인데, 거위가 '아악아악' 우는 소리를 따서 이름 지었을 것이다. 아지에는 거위 몇 마리가 떠 있다. 왕희지는 거위를 좋아했다. 거위가 꽤 시끄러웠을 텐데, 누군가 낯선 사람이 들어오는 것을 알려주는 경비용이었을까? 거위의 덩치가 커서 고기를 많이 얻을 수 있었기 때문일까? 이런 현실적인 의문이 드는데, 실제 왕희지가 거위를 좋아한 것은 서법과 관련이 있다고 전한다. 거위의 긴 목이 붓을 잡은 손가락의 구부린 모습과 닮았다고 한다.

한번은 스님이 찾아와 잠시 머물다 갔는데 왕희지가 손에 쥐며 악력을 키우던 구슬이 사라졌다. 왕희지는 스님을 범인으로 의심했고, 그 의심을 의식한 스님은 마음 앓이를 하다 죽고 말았다. 마침 시름시름 앓던 거위 한 마리도 죽었다. 죽은 거위의 배를 가르고 보니 구슬이 나왔다. 왕희지는 자신을 탓하며 살던 집을 불가에 바쳤다. 그곳이 소흥 시내에 있는, '구슬을 경계한다'는 계주사戒珠寺이다.

난정의 정원에서 거위의 소리를 들으며 아지를 건너자, 청나라 황제 강희제가 쓴 '난정' 비석과 비각이 나왔다. 비석은 문화혁명 때 홍위병에 의해 파손된 것을 다시 붙여 두었지만 글씨는 뭉개져 있다. 왕의 권위, 왕조 시대의 권위가 여전히 우뚝 서 있는 것이 못마땅했던가 보다.

난정비를 지나자 굽이 흐르는 물길, 유상곡수처가 나왔다. 「난정기」의 유상곡수다. 흐르는 물 위에 술잔을 띄우고 제 앞에 술잔이 오면 그 술을 마시며 시를 한 수 읊고, 시를 못 지으면 따로 준비된 벌주를 마셔야 했다. 「난정기」의 그날은 마흔두 명 중에서 열여섯 명이 시를 짓지 못해서 벌주를 석 잔씩 마셨다고 한다. 난정의 유상곡수에 앉아, 한문학자 송재소 교수의 제안으로 함께 온 사람들과 「난정기」를 한 줄씩 돌아가면서 읽었다.

此地有崇山峻嶺 茂林修竹
이곳은 높은 산과 가파른 고개가 있고,
무성한 숲과 길게 자란 대나무가 있고
又有淸流激湍 映帶左右
또 맑은 물과 격동 치는 여울이
좌우를 죽 비추고 있다.
引以爲流觴曲水 列坐其次
물을 끌고 와 굽이치는 물에 잔을 흘려보내게 만들어
차례대로 둘러앉으니,
雖無絲竹管絃之盛 一觴一詠
비록 거문고와 피리는 없지만
술 한 잔 마시고 시 한 수를 읊으니,
亦足以暢敍幽情
그윽한 마음 활짝 펴기에 충분하도다.

소흥 난정의 유상곡수처를 닮은 게 우리에게도 있다. 신라인 최치원이 전라도 태인에 유상곡수를 만들었다고 하지만 전하지 않고, 경주 남산에 포석정鮑石亭이 남아 있다. 창덕궁 깊숙한 언덕 아래, 바위에 물길을 내고 왕과 신하가 즐겼던 유상곡수도 있다. 그중에 으뜸은 경주 포석정이다. 소흥 유상곡수보다 짜임새 있고 멋지다. 포석정은 전복 모양의 돌 배치로 물이 둥글게 돌아오는 형태인데, 난정의 유상곡수는 물이 뱀처럼 휘돌아 빠져나가 버린다. 난정 유상곡수처는 빠져나가는 물줄기 옆에 앉아 시를 읊어야 한다. 사람이 여럿이면 앞에 앉은 사람은 뒤에 앉은 사람의 소리를 듣기 어렵다. 그런데 포석정은 둥글기에 모여 앉아서 술을 마시고 시를 읊기에 알맞다. 다만 물이 되돌아오려면 높낮이가 달라야 한다. 물은 높은 데서 낮은 곳으로 흐르고, 한번 흘러간 물은 돌아오지 않으니 나선형으로 약간이라도 경사져야 물이 돌아올 수 있다. 포석정은 물길이 끊겨 버려 술잔을 띄울 수가 없지만, 그 형세는 소흥의 유상곡수처보다 훨씬 더 아름답고 짜임새 있다. 아쉬운 것은 소흥의 유상곡수처는 「난정기」라는 명문이 있어서 기려지지만, 경주 포석정은 견훤으로부터 자결을 강요당한 경애왕의 슬픈 전설만이 남아 기려지지 못한다는 점이다.

그런데 난정의 유상곡수처는 어딘지 거칠고 어설펐다. 난정 주

난정의 유상곡수처에 앉아 「난정기」를 읽다.

변에 높은 산이나 가파른 고개도 안 보인다. 교통이 편리해져서 너무 쉽게 찾아왔나 싶기도 했지만, 유상곡수처를 따라 놓인 바위가 1,670년 전의 그것 같지가 않고, 압도적인 풍광을 지닌 곳도, 유상곡수의 물줄기가 절묘한 곳도 아니었다. 절경이 많은 중국의 산수에 견주었을 때, 밋밋해 보였다.

그래서 송재소 교수께 여쭸더니, 「난정기」를 썼던 난정은 원래 이곳이 아니란다. 1548년에 군수 심계가 현재의 장소에 난정을 조성했단다. 그리고 유상곡수처는 1698년에 복원되었고 그 뒤로 여러 차례 없어지고 복원되기를 반복하다가 1980년 지금의 모습으로 단장되었다고 한다. 내가 앉았던 유상곡수처의 바위에서 세월의 흔적을 느끼기 어려웠던 것은 그 때문이었다. 하지만 1693년 이곳에 강희제가 와서 친필로 「난정기」를 써 비석에 새기고, 그의 손자 건륭제가 1751년에 다시 찾아와 그 비석 뒷면에 직접 지은 시를 새겨 넣었다. 그 세월도 300년이 앞서거니 뒤서거니 하니, 굳이 옛터가 어디냐고 묻는 게 부질없어 보인다.

유상곡수연이 열리고 1,670년이 지난 오늘, 왕희지의 서체는 남아 있지만 왕희지가 쓴 진품 글씨는 하나도 남아 있지 않다. 당 태종 이세민(599~649년)이 왕희지의 글씨를 좋아하여 「난정기」를 포함한 그의 글을 죄다 모았다고 한다. 그리고 죽으면서 왕희지의 글씨와 "천년만년 함께 있고 싶다"라고 하여 함께 묻혔고, 그로 인해 왕희지의 진품 글씨가 세상에 하나도 남지 않게 되었다고 한다. 지금의 왕희지체는 왕희지 글씨의 탁본과 무수한 모작들의 합성품인 셈이다.

전철은 서울의 땅을 유상곡수처럼 휘돌아다닌다. 1974년에 개통된 1호선부터 9호선까지 있다. 나는 간혹 이런 전철놀이를 한다. 집 앞의 땅속으로 6호선 전철이 지나간다. 아무 목적지도 없이 6호선 전철을 타고, 환승역이 나오면 무작정 갈아타고 집의 반대 방향으로 간다. 사람들을 관찰하는 시간이다. 그렇게 서울 지하철을 갈아타고 내가 모르는 무수한 사람들을 바라보다가 다시 집으로 돌아온다. 서울을 다 돌아본 듯하지만 허전하긴 마찬가지다. 몇 생을 살아야 생의 미련이 사라질까? 또 다른 삶을 살아보려고 여행도 다니고 새로운 일을 도모하지만, 세월만 버리고 다니는 것 같다.

난정의 유상곡수처에 앉았던 시간이 떠오른다. 물길 따라 잔이 돌아 내 앞에 멈춘다. 시를 지으라 한다. 소흥의 명주 소흥주를 흠씬 기울이면서 짧은 소회를 담아낸다.

생은 흘러간다, 나를 잊은 채로
유상곡수에 앉아 왕희지가 되어 보고
내게 아닌 생을 꿈꾸며,
다시 취하고 다시 깬다.

^ '아(鵝)' 자는 왕희지가 '지(池)' 자는 왕희지의 아들이 썼다고 전한다.

도부로쿠 왕국을 걷다

#도부로쿠 #폰슈칸 #핫카이산

일본도 도시가 번성하고 고령화가 되면서 농촌이 비어 가기는 마찬가지다. 농촌에서 사람들이 더 풍족하게 살 수 있는 조건을 만들기 위해 100년 전 없앴던 농가의 술을 재현하는 제도를 2003년에 만들었다. 그게 도부로쿠 특구 제도다. 도부로쿠 특구를 가장 먼저 만들고, 1호 주조장을 만든 니가타를 찾아갔다.

도부로쿠를 빚다

일본에도 탁주가 있다. 그 탁주의 이름은 도부로쿠나 니고리자케라 부른다. 도부로쿠는 여과하지 않은 탁한 술이고, 니고리자케는 여과한 흐린 청주이다. 니고리자케는 아예 청주로 분류되어 있다.

니가타현은 '도부로쿠 왕국'이라고 부르고, 제1호 도부로쿠 제조장이 있다. 일본은 1899년 민가에서 술을 빚지 못하게 금하면서 민가의 탁주가 소멸하거나 음성화되었다. 그렇게 존재감을 잃어버렸던 도부로쿠가, 2003년 구조개혁특별구역 제도에 의해서 양성화되었다. 농촌활성화 정책으로 민박집이나 레스토랑을 운영하는 농부들에게, 자기가 농사지은 쌀로 도부로쿠를 빚을 수 있게 했다. 전국에 도부로쿠 특구가 지정되어 있는데, 니가타에는 2022년 기준 열한 개 지역이 지정되어 있고, 열다섯 군데 도부로쿠 제조장이 있다.

일본 탁주와 한국 탁주가 어떻게 다른지 살펴보려고 일본의 도부로쿠 주조장을 찾아 혼자서 20일 동안 일본을 여행한 적이 있다. 그게 2012년의 일이니 벌써 10여 년 전 일이 되었다. 하지만 술 빚는 것은 시간의 변화가 그리 중요하지 않다. 사실 1천 년 전의 술 빚기와 1천 년 후의 술 빚기의 근본은 달라지지 않는다. 장비가 바뀔 것이고, 맛의 취향이 바뀔 것이고, 제도가 바뀔 뿐이지 술을 만드는 근본은 변하지 않는다.

일본 탁주, 도부로쿠 1호 제조장인 호호에미소ほほえみ荘를 찾아갔다. 호호에미는 미소, 스마일을 뜻하고, 소는 별장이나 숙소를 뜻하니, 풀이하면 '스마일장' 정도 된다. 니가타 산골에서 노부부가 운영하는 농가 민박집이었다. 그곳을 찾아가려고 가까운 기차역에 내렸는데, 대중교통편이 드물었다. 전화를 걸어 교통편을 물으니, 도부로쿠 1호점 주인인 사토 겐이치 씨가 나를 데리러 작은 트럭을 몰고 기차역까지 나왔다.

도부로쿠 1호점에서 사토 씨와 기념사진을 찍었다.
도부로쿠 1호점의 호호에미소 민박집 식사

그곳에서 사흘 동안 머물렀다. 도부로쿠를 사토 씨와 빚어 보고 싶어서였고, 도부로쿠를 빚는 날에 맞춰 방문을 했다. 민박집은 아래층에 주인이 살면서 남는 방을 손님들에게 빌려주는 형태였다. 대여하는 방이 세 개, 모두 열다섯 명을 수용할 수 있었다. 하루 숙박비는 1인당 8만 원 정도인데, 저녁과 아침 식사까지 제공했다. 농촌체험 프로그램으로 나물 채취, 벼농사, 밀짚 공예 등이 있지만, 주인 내외의 연세로 보아 활기차게 진행될 것 같진 않았다. 민박집의 2층 다다미방에는 온풍기가 하나 달려 있었지만, 3면 벽에 나 있는 창문에서 들어오는 외풍을 막지 못했다. 실내 온도가 11도였다. 소설 『설국』의 무대가 된 니가타답게 눈이 하염없이 내려 두툼한 솜이불처럼 집을 덮었다. 눈을 치우지 못한 옆집은 마당에서 2층 창문까지 눈이 쌓였다. 일본 집들이 2층인 것을, 그리고 지붕 선이 가파른 것을 이제야 알 것 같았다. 한국처럼 단층 팔작지붕이면 아마도 눈을 이겨내지 못해 주저앉거나, 눈에 묻혔을 것이다. 이를 예방하려면 지붕의 면적을 조각내거나 좁혀야 하고, 집이 눈에 묻히지 않기 위해 키를 높여야 한다.

나는 다다미방의 냉기를 견디려고 방에 딸린 작은 목욕탕에서 반신욕을 하고 나서 잠들었다. 반신욕으로 체온을 높이고 나면, 아침까지 체온이 유지되어 코끝이 약간 시큰할 뿐이지 외풍에도 견딜 만했다.

사토 씨는 일본에서 도부로쿠 제조 면허를 맨 처음으로 지정받은 사람이다. 2003년 도부로쿠 특구 지정 허가가 나자, 그다음 해인 2004년 2월에 처음으로 면허를 땄다. 그가 사는 마을 니가타현 조에

쓰시에서 40명쯤 되는 농부들이 니가타현과 한마음이 되어 도부로쿠 면허를 내 달라고 정부에 청원했다. 한 차례 거절되었지만, 이듬해 법령이 통과되어 특구 지정을 받고 제조 면허도 받을 수 있었는데, 40명 중에서 세 명만이 면허를 딸 수 있었다. 그냥 술을 빚어서는 안 되고, 민박이나 레스토랑을 운영하는 농부에 한해서 자신이 농사지은 쌀로 술을 빚어야 면허가 나오도록 법이 개정된 것이다.

사토 씨는 도부로쿠 1호로 지정된 덕분에 총리대신(수상)을 만나 도부로쿠를 건네고 텔레비전에도 나오고 인터뷰도 많이 했다. 평범하디평범한 산골 마을의 민박집 주인이 도부로쿠로 전국적인 명성을 얻게 된 것이다.

하룻밤을 자고 나서 사토 씨를 따라 집에서 300m쯤 떨어진 도부로쿠 제조장을 찾아갔다. 사토 씨의 제조장은 예전에 소학교 급식소로 쓰였던 곳이다. 젊은 사람은 떠나가고 아이들이 다 자라 버려서 소학교는 문을 닫았다. 그 소학교를 다녔던 소년이, 어느덧 노인이 되어 학교에서 술을 빚고 있다.

솥에 물을 담고 프로판가스로 물을 끓였다. 끓인 물로 60ℓ짜리 스테인리스 술통을 소독하고, 찜기에 얹어 고두밥을 찔 면포도 소독한다. 고두밥을 찌는 일은 사토 씨 아내의 몫이다. 미리 불려서 물을 빼놓은 쌀 6kg을 찜기에 붓고, 주름진 손으로 쌀의 윗면을 평탄하게 고른다. 찜기를 화구에 올리고 고두밥을 찐다. 쌀은 니가타에서 개량된 양조벼 고하쿠만고쿠五百萬石를 사용했다. 그사이 사토 씨는 술 빚을 도구와 재료를 챙긴다. 60ℓ 발효통에 물 22ℓ를 붓고, 젖산 18mℓ를

사토 씨가 도부로쿠를 빚기 위해 코오지를 붓고 있다.

유리 막대로 계량하여 넣었다. 젖산은 술덧이 오염되지 않고 효모가 안정되게 성장할 수 있도록 산도를 조절하는 역할을 한다. 그리고 쌀 누룩인 코오지 7kg을 발효통에 쏟아부었다. 효모는 15g을 계량하여 물이 담긴 작은 비커에 풀어 주었다. 고두밥이 쪄지자, 나무로 만든 대 위에 넓게 펼쳐 식힌 다음 고두밥을 술통 속에 쏟아부었다. 그리고 뭉치지 않고 잘 섞이도록 막대로 술덧을 저어 주었다. 마지막으로 풀어진 효모를 술통에 부었다. 안정된 발효를 위해서 섭씨 12도로 맞춰진 큰 냉장고 안에 술통을 밀어 넣었다. 이렇게 도부로쿠 빚기를 마치는데, 두 시간이 걸렸다. 주모도 따로 만들지 않고, 홑담금 하는 단양주였다.

발효제는 쌀 코오지麴를 청주 제조장이나 코오지 회사에서 사서 쓴다. 코오지값이 제법 비싸 1kg에 900엔이란다. 가루 효모를 사용하고 젖산으로 산도를 맞춘다. 위생을 철저히 지켜 술밥에 손 한번 담그지 않고 술을 완성시켰다. 온도는 15도를 넘지 않도록 철저히 관리하고, 또 이를 정확히 노트에 명기한다. 그가 술을 빚은 지 9년째가 되었는데, 나와 함께 빚은 술이 255번째라고 꼼꼼하게 기록했다. 254번째로 빚은 술을 보니, 열흘 전인 2월 4일에 빚었다. 발효 냉장실의 온도는 12도로 맞추고 매일 술 온도를 재는데, 3일째에 15도가 되고 5일째에 17도로 올라갔다. 10일이 지난 뒤에는 술덧이 13도까지 떨어졌다. 낮은 온도에서 발효를 시키고 있었다. 254번째 술은 이제 거르기만 하면 된다.

호호에미소에서 만드는 술 이름은 도부로쿠 고시노하쿠호오越の

白峰이다. 지역 이름 조에쓰시上越市와 동네 산봉우리 이름을 조합한 것이다. 알코올 도수 14.8도와 7도 두 종류를 냈다. 도수 높은 술은 칼칼한 맛이 돌고, 도수 낮은 술은 단맛이 주도했다.

나는 니가타의 도부로쿠 제조장 다섯 군데를 가 보았다. 에치고유자와역 근처의 스키장 옆에서 펜션을 운영하고 스키 강습도 하면서 도부로쿠 아와유키淡雪를 빚는 곳, 마을 비탈진 산자락에서 캠핑장을 운영하면서 도부로쿠를 빚는 곳, 존노비 마을 주민들이 운영하는 숙박 온천 시설 옆에 딸린 건물에서 도부로쿠를 빚는 곳, 도로변 휴게소 이리히로세道の駅いりひろせ를 운영하고 토목 사업도 하면서 도부로쿠를 빚는 곳이었다. 모두 작은 공간, 주방을 활용한 작은 곳에서 도부로쿠를 빚고 있었다. 주조장을 하기 위해 새로 건물을 짓거나 비싼 장비를 사거나 직원을 따로 두어서 운영하는 곳이 아니었다. 주인이 직접 하거나, 마을 사람 중 담당자가 있어서 그가 부업으로 술을 빚었다. 노령화된 농촌, 먹고살 방법이 막연한 시골, 건물이 비어 가는 시골에 온기를 돌게 하고, 어떻게든 수입원을 만들어 삶을 이어가게 하는 데 도부로쿠가 쓰이고 있었다.

니가타의 모든 술이 모여 있는 폰슈칸

술은 지역을 어떻게 바꿀 수 있을까? 술은 지역의 농산물로 빚기 때문에 지역의 농업과 긴밀하게 연결되어 있다. 그리고 넓은 공간이 있어야 하는 제조업이라, 도심보다는 땅값이 저렴하면서도 운송이 편리한 외곽에 자리 잡고 있다. 그런데 판매장은 사람들이 많이 있는 곳에 있을수록 좋다. 지역의 술을 모두 모아 두고 잘 판매하는 곳이 있다 하여 니가타의 에치고유자와역을 찾아갔다.

에치고유자와역은 도쿄에서 신칸센을 타고 가면 나오는 니가타현의 첫 번째 정류장이다. 노벨문학상을 받은 가와바타 야스나리의 『설국』 첫 문장에 등장하는, “국경의 긴 터널을 빠져나오자 눈의 고장이었다. 밤의 밑바닥이 하얘졌다. 신호소에 기차가 멈춰 섰다”라는 바로 그 역이다. 『설국』의 배경이자, 온천장과 스키장이 유명하여 특히 겨울이면 사람들로 붐빈다.

에치고유자와역 3층에서 하차하여 2층으로 내려오니, 서점이 있고 관광 안내소가 있고 기념품 판매점이 있고 술 판매장 폰슈칸이 있다. 폰슈칸의 자동문이 열리면서 술에 취해 쓰러진 샐러리맨과 허리를 꺾고 숙취에 힘겨워하는 샐러리맨 조형물이 보였다. “혹시 바로 당신의 모습은 아닌가요?”라고 묻는 것 같았다. 바로 옆에는 유료 시음장이 있었다. 500엔을 내니 다섯 개의 코인과 반납해야 하는 술잔을 건네준다. 코인 술 자판기가 벽면을 가득 채우고 있었다. 코인을 넣고 술잔을 받쳐 두면 술이 또르르 나왔다. 술을 더 맛보고 싶으면 다시 500엔을 내고 코인을 사면 된다. 자판기에는 회사와 상품 이름, 알코올 도수와 특징들이 적혀 있다. 어떤 것을 마실지 결정을 못 한 사람들을 위해서 최근 가장 많이 팔린 인기 목록을 벽면에 걸어 두었다. 비싼 술은 코인 두 개를 넣어야 한 잔이 나온다. 그 종류가 많아서, 그리고 다양하게 맛보고 싶어서 두세 명이 함께 한 잔을 받아 나눠 맛보기도 했다. 그러다 맛있으면 코인을 다시 넣고 한 잔을 받아 왈칵 입안에 털어 넣기도 했다. 다양한 술을 골라서 맛보는 행위가, 의외로 큰 즐거움을 주었다. 시음장 안쪽에는 소금 안주가 놓여 있었다. 소금은 변하지 않는 안주로, 입안을 닦아 주고 술맛을 지워 주는 지우개 같은 거여서 한국의 막걸리 양조장에도 왕소금 안주를 쓴다. 그런데 폰슈칸의 소금 안주는 종류가 다양하고, 가는 소금이어서 손바닥에 조금 떨어뜨려 혀로 맛볼 수 있도록 했다. 해삼소금, 매실소금, 대나무소금 등 다양한 소금들이 놓여 있었다. 된장도 안주로 찍어 먹을 수 있게 해 두었다.

폰슈칸 안의 쓰러진 술꾼 조형물

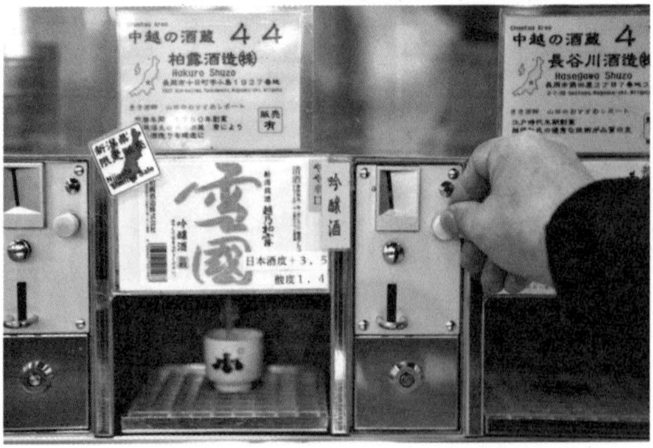

⌃ 니가타 청주를 다섯 잔 골라 마실 수 있는 시음장
⌄ 동전을 넣고 버튼을 누르니 술이 나온다.

작은 잔으로 혀를 적시는 정도로 여러 종류의 술을 시음하니 니가타 술맛, 달지 않고 담백한 술맛이 무얼 말하는지 가늠되었다. 시음장 밖 폰슈칸 매장에서는 술을 판매하는 역의 술 저장고驛の酒藏가 있었다. 90여 개의 니가타 사케 주조장에서 만든 술을 판매한다. 지역의 술을 죄다 모아 놓고 판매하니 술의 도서관에 들어온 기분이었다.

폰슈칸의 기념품 판매점에서는 술을 만드는 쌀, 술지게미로 만든 과자, 술지게미에 절인 무나 야채, 발효 식품인 된장이나 간장을 팔고 있었다. 술병과 술잔도 팔고, 도시락도 팔고 안줏거리와 군것질거리도 많았다.

폰슈칸에는 코오지 카페, 즉 누룩 카페도 있었다. 일본은 2012년에 시오코오지(소금누룩), 쇼유코오지(간장누룩) 등이 히트 상품으로 인기를 끌었다. 그러면서 코오지에 대한 관심도 높아졌다. 한발 더 나아가 코오지 카페까지 있다니, 음식도 상상하기에 따라 다채롭게 변할 수 있구나 싶었다.

우리는 아직 누룩을 술 이외의 다른 식품으로 활용하지 못하고 있다. 한약방에서 소화제로 사용하고, 화장품이나 미용 팩을 만드는 데 사용한다. 가공식품의 재료로 진입하진 못하고 있는데, 앞으로 새롭게 개척해야 할 분야다.

코오지 카페의 메뉴를 살펴보니, 감주, 코오지라테, 코오지라테 초코, 코오지라테 말차, 코오지 소프트아이스크림 등이 있었다. 커피와 우유가 만나 카페라테가 되었으니, 누룩과 다른 음료가 만나지 말라는 법은 없지 않은가. 코오지 카페의 위층에는 일본 청주를 부어 목욕하는 목욕탕도 있었다. 목욕탕은 그리 넓지 않았다. 목욕실에는 열다섯 명 정도, 탕 안에는 대여섯 명 정도가 들어가면 가득 찰 정도로 소박했다. 욕조에 사케를 부어서 미용 효과를 높이는 온천욕이 가능하다는 것을 보여 주는 공간이었다.

폰슈칸과 복도 하나를 사이에 두고 음식점들도 있는데, 술과 술지게미를 활용한 메뉴를 팔고 있었다. 술지게미를 넣어서 만든 미소라멘은 비타민과 탄수화물과 아미노산이 풍부하게 들어 있어서 영양가가 높고 미용 효과가 높다고 소개한다. 술지게미로 발효시킨 리코타 치즈를 활용한 요리가 인기 메뉴 1위를 차지하고 있었다.

다른 곳보다 좀 더 비싼 가격으로 음식을 팔 수 있는 건 술과 술지게미라는 새로운 요소의 결합 때문에 가능했으리라는 생각이 들었다.

핫카이산 주조장 마을

핫카이산 주조는 청주 제조장으로 이름을 얻었는데, 단술인 아마자케를 만들어 전국 시장을 휩쓸더니 위스키도 만든다. 핫카이산 아래에 눈 저장고와 술 저장고를 함께 만들어 술을 특별하게 숙성시킨다. 빵집과 소바집을 운영하고 크래프트 맥주 제조장까지 만들어, 산 아래에 발효 왕국을 이루어 냈다.

에치고유자와역 폰슈칸의 이웃 도시에 있는 핫카이산 주조를 찾아갔다. 혼자 떠난 여행길이라, 사전 예약도 없이 주소만 들고 무작정 찾아갔다. 주조장 안을 보려면 사전 예약을 해야 한다. 무작정 찾아가면 열에 아홉은 허탕을 치기 십상이다. 하지만 내가 보고 싶은 것은 주조장이 어떤 마을에, 어떤 형태로 자리 잡고 있는지, 관광객들을 위해서 어떤 시설을 갖추었는지였다. 굳이 양조장 안은 보지 않아도 좋았다. 왜냐하면 일본에서는 주조장 안을 볼 수 있는 곳이 많기에, 다른 곳을 보면 되기 때문이다.

핫카이산 주조의 상품은 한국에서도 제법 인기가 있다. 굳이 한국에서 잘 팔리는 사케 브랜드를 꼽아 보자면, 하쿠쓰루白鶴, 겟케이칸月桂冠, 구보타久保田, 핫카이산八海山 등이다. 이 주조장의 술들은 공항 면세점이나 일식집에서 쉽게 찾아볼 수 있다.

에치고유자와역에서 지선 열차를 타고 무이카마치역에서 내렸다. 작은 마을이었다. 그래도 역 건물에 관광 안내소가 있었다. 핫카이산을 가고 싶다며 버스 편을 물어보았더니, 핫카이산 스키장을 안내해 주었다. 주조장을 찾아오는 사람보다는 스키장을 찾는 이들이 더 많아서 그렇게 한 것이었다. 버스를 타고 상원 십자로에 내리라고 했다. 우리는 길의 갈래를 따져 사거리라고 부르는데, 일본은 길의 모양을 따져 십자로로 표현하고 있었다.

버스에서 내려 길 가는 학생에게 길을 물어보자 핫카이산을 모른다고 했다. 학생이니 모를 수도 있겠다 싶었다. 지나가는 동네 아주머니에게 물어보니 왼편으로 꺾어 곧장 가라고 했다. 다리를 건너고 엉뚱한 길로 접어들었다가 다시 길을 가기를 한참, 세 번이나 더 묻고서 핫카이산 제1 주조장 앞에 도달할 수 있었다. 하지만 내가 가고자 하는 핫카이산 자료관은 거기에 없었다. 제2 주조장에 있어서 한참을 더 가야 했다. 중간에 자가용에서 내리는 여자에게 다시 한번 길을 물으니, 또 한참을 가라 한다. 그렇게 길을 걷고 있는데, 차 한 대가 내 옆에 와서 섰다. 앞서 길을 알려주었던 여자였다. 처량해 보였는지, 마음에 쓰였는지, 핫카이산 자료관까지 나를 데려다주겠다고 했다. 버스에서 내려 40분쯤 걸었는데, 차를 타지 않았다면 30분은 더 걸었을 것이다. 핫카이산 제2 주조장은 일반 관광객들이 대중교통으로 찾아가기는 어려운, 마을과 떨어진 산자락에 자리 잡고 있었다.

핫카이산 제2 주조장인 고와구라 건물은 웅장했다. 3층 시멘트 구조물인데, 건물의 상단은 검은 목재로 마감을 했다. 주조장 건물이 우주 기지국 같다는 생각이 들었다. 육중하면서도 세련된 건물이었다. 주조장 견학은 불가능했고 자료관과 판매장이 개방되어 있었다. 자료관에는 술 관련 책과 소파가 있어서 쉴 수 있었다. 주조장에 주조 관련 자료를 모아 놓고, 찾아오는 사람들이 드나들 수 있게 만들어 두었다.

주조장 건물의 내부를 볼 수 없는 건 아쉬웠지만, 예약하지 않았으니 어쩔 수 없었다. 그 아쉬움에 핫카이산 주조장을 2018년과 2019년에 다시 찾아갔다. 막걸리학교에서 단체로 술 기행을 떠났기 때문에 니가타현 한국사무소와 사전 상의하고, 주조장과 또다시 상의해서 주조장 내부를 볼 수 있게 섭외를 했다.

핫카이산 제2 주조장. 3층 원료처리실, 2층 담금실, 1층 여과실이 있다.

핫카이산 주조회사는 1922년 창업했다. 일본의 사케 주조장치고는 오래된 곳이 아니다. 게다가 제2 고와구라 제조장은 2004년에 지어졌다. 예약하고 다시 갔을 때는 공장장의 안내를 받았다. 아무 장식도 없는 깔끔한 계단을 통해 3층까지 올라간 뒤 공장장의 해설이 시작되었다. 한 층의 면적은 5,235m^2였고, 주조에 관련된 모든 작업이 3층에서부터 시작되었다. 노동력을 최소화하기 위해서 모든 작업은 위에서 아래로 진행되고, 되도록 펌프를 이용하여 재료를 이송했다. 쌀이 3층으로 올라오면 씻고 찌는 일이 진행되었다. 누룩을 제조하는 코오지무로가 세 개나 있었고, 효모를 배양하는 주모실도 3층에 있었다.

2층으로 내려가자 술 담금 탱크의 입구가 커다란 입을 벌리고 있었다. 탱크가 3톤 정도로 컸다. 1층에 설치된 탱크의 뚜껑을 2층에서 열어야 했다. 열린 탱크 안에 주조사들이 빠지지 않도록 탱크의 입구에는 굵은 철망이 깔려 있었다. 3톤 크기의 탱크는 모두 66대가 있었다. 3층에서 쪄진 고두밥은 큰 호수관을 통해서 펌핑되어 발효통 안으로 들어갔다.

1층에 내려가자 발효 탱크의 몸통이 보였다. 발효가 끝나면 압착여과실에서 술을 맑게 걸러 냈다. 1층에서 작업이 마무리되면 술이 병입되어 차에 실린다. 작업자의 동선이 낭비되지 않도록 설계된 공간이 무척 효율적이었다.

주조장 옆에는 술과 술지게미를 사용하는 빵집이 있었다. 바움쿠헨이라는 나이테 빵이 있고, 관광객들을 위한 소바집도 자리했다. 그리고 2019년에 세 번째로 찾아갔을 때는 크래프트 맥주 제조장과 커피숍도 생겼다. 설국답게 저장 창고에 눈을 함께 잔뜩 쌓아 두고 눈 속에서 술을 숙성시키고 있었다. 여름에도 눈이 녹지 않게 하려고 냉장 설비도 갖추었다. 눈 저장고를 지나면 오크통에 숙성시키는 증류주 저장소가 나왔다. 사케를 만드는 주조장에서 시작하여 증류주를 만들고, 발효 빵을 만들고, 소바를 만들고, 크래프트 맥주를 만드는 곳으로 확장되어 있었다. 그리고 핫카이산은 일본에서 인기를 끈 무알코올음료인 아마자케甘酒를 종이팩에 담아 전국에 유통하고 있었다. 그곳 판매장의 냉장방에 가면 주조장에서 만든 촉촉한 쌀누룩도 판매한다. 쌀누룩은 내가 핫카이산에 가면 꼭 챙겨 오는 물건이기도 하다.

핫카이산 주조장이 산골에 있으면서도 거대한 우주 기지 같은 건물을 지을 수 있었던 힘이 부러웠다. 공단이나 산업 단지에 들어가 버린 주조장이 아니라, 자연을 배경으로 들어선 주조장의 위용이 대단해 보였고, 그곳에서 발효 마을을 이루고 있는 모습이 매력적이었다. 니가타에는 겨우내 푹푹 내린 눈이 쌓여 눈 터널이 생기고, 그 눈이 봄이 다 가도록 서서히 녹아내려 물이 풍부하고 일교차가 커서 쌀맛도 좋다고 한다. 그런 니가타의 특성을 핫카이산 주조장이 잘 보여주고 있었다.

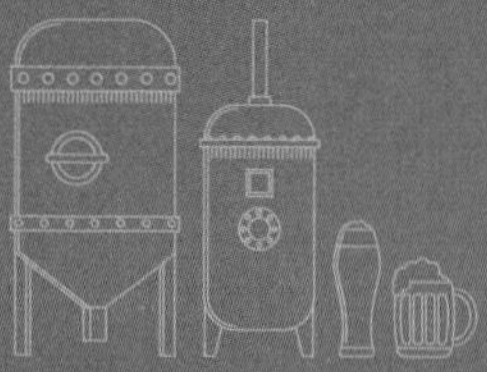

2장

술로 뭉치다

구이저우성 묘족 마을에서 술의 낙원을 보다

#치우왕 #순미주 #나미주

천호 묘족 마을의 야경. 하늘의 별들이 다 내려와 있는 듯하다.

마오타이의 마을 구이저우성을 일주일 여행했다.
마오타이 술을 10mℓ의 작은 잔에 담아 마셨지만
한 발의 탄환 같은 힘을 지니고 있었다.
몸을 무너뜨리는 것은 마오타이 술이었지만,
마음을 무너뜨린 것은 묘족 마을 여자들의 권주가였다.

사람의 마음을 이다지도 어지럽히다니! 중국 구이저우성 서강천호 묘족 마을은 당혹스러웠지만, 신비로웠다. 술의 이상향이 있다면 바로 이곳이리라. 술을 즐기는 이라면 묘족 마을에 자신의 시간을 맡겨 보라!

묘족은 중국에서 소수민족으로 분류되지만, 1,200만 명이 넘는다. 한 나라를 세우고도 남을 민족이지만, 그리고 나라를 세워 한족과 맞선 적이 있지만 지금은 변방의 소수민족으로 살아간다. 구이저우성의 중심인 귀양시에서 차로 세 시간을 달려가니, 산속에 묘족 마을이 있었다.

묘족의 '묘苗' 자는 '풀 초艹' 자에 '밭 전田' 자이니, 밭에 난 풀이다. 그렇다면 밭에 난 식물의 싹이나, 옮겨 심은 벼 따위를 상징할 수 있겠다. 농사를 짓는 순한 민족의 기호로 보이지만, 고대로 올라가면 싸움 잘하는 민족이었다. 전쟁의 신, 치우왕이 그들의 조상이란다. 진시황은 치우의 사당을 만들고, 전쟁에 나가기에 앞서 치우왕에게 무공을 빌었다. 무장이었던 태조 이성계도 한강 뚝섬에 치우왕의 사당을 짓고 꿩의 꽁지로 만든 치우기纛旗(독기)를 걸어 두었다. 독기가 있던 섬, 독도가 뚝도가 되고 뚝섬이 되었으니, 뚝섬은 '치우 사당이 있던 섬'에서 유래되었다. 치우왕은 중국 한족이 추앙하는 황제 헌원왕과의 탁록 전투에서 패망하고, 그 후손들은 사방으로 흩어져 소수민족이 되었다. 그 한 갈래가 묘족이고, 또 한 갈래가 동이족이라는 설이 있어서 묘족과 한민족이 형제였다는 가설도 존재한다. 그 말을 들었을 때, 평생 듣도 보도 못한 이복형제를 타지에서 만난 기분이었다.

전쟁의 신 치우왕의 후손이라는 말을 듣고 묘족을 바라보니, 풀 초 자가 머리에 난 뿔처럼 보였다. 묘 자는 마치 네모난 가면을 쓰고 뿔을 단 것 같았다. 묘족 마을의 여자들이 연희를 할 때면 머리에 은빛 장신구를 썼는데, U자로 휜 무소뿔을 닮아 있어 무척 전투적으로 보이기도 했다.

천호 묘족 마을은 구이저우성의 이름난 관광 마을이 되어 있었다. 입장료를 내고 들어가야 했다. 그런데 산속에 든 마을의 입구가 좁아서 예전에도 함부로 들어갈 수는 없었겠다. 마을로 들어서려면 특별한 의식을 통과해야 하는데, 그 의식까지도 관광 자원이 되었다. 그 의식이란, 행복하게도 술 석 잔을 받지 않으면 이 마을로 들어갈 수 없다는 것이다.

나는 그 의식을 치르기 위해 천호 묘족 마을 앞 광장에서 기다리고 있었다. 오전 10시가 되니 행사를 위해 마을 사람들이 대열을 이루어 마을 앞 광장으로 나왔다. 남자들은 대나무로 만든 생황을 불고, 여자들은 화려한 자수가 놓인 전통 의상을 입고 은 장신구를 목에 걸고 있었다. 여자들은 기러기의 V자 편대처럼 대열을 짓고서 손을 아

화려하게 꾸민 묘족 마을 공연단

래로 내려뜨려 느리게 바람에 날리듯이 흔들고 춤을 추며 손님을 맞았다.

검은 옷을 입은, 흰 턱수염이 긴 마을 원로가 탁자 위에 술 단지와 술잔을 내놓고 손님들에게 은은한 금색이 도는 술을 한 잔씩 권했다. 위엄 있는 마을 원로는 손수 손님의 입에까지 술잔을 대 주었다. 원로의 진지한 표정과 몸짓에 권하는 술을 감히 거부할 수가 없었다. 게다가 풍악 소리가 술을 권하고 있었다. 원로에게서 술을 받고 나자, 은 장신구를 한 마을 여성들이 건네는 검고 긴 뿔잔에 든 술을 받아 마셔야 했다. 술은 뿔잔 속에 들어 있어서 그 양을 헤아리기가 어려웠다. 뿔잔을 기울이는 각도에 따라 입으로 흘러들어오는 술의 양이 달라졌다. 다행스럽게도 술은 마오타이류의 독주가 아니었다. 단맛이 도는 게 담백한 곡주였다. 두 여성에게 검은 뿔잔으로 두 번을 거푸 받아 마시고 나서, 잠시 숨 고르기를 해야 했다. 금세 얼굴이 화끈거리는데, 몸은 오히려 가분해지고 걸음을 내딛기도 훨씬 부드러워졌다. 광장에 울리는 생황 소리가 내 몸 안으로 들어오고, 술은 내 핏줄을 타고 온몸으로 퍼졌다.

마을 사람들은 환영의 뜻이라지만, 손님으로서는 기선을 제압당하는 기분이었다. 마을 손님의 마음과 몸을 무장해제시키려는, 묘족 주민들의 전략임이 분명했다.

마을 원로가 방문객에서 술을 권하고 있다.

그렇게 오전부터 술로 속을 채우고 마을 입구의 큰 문으로 들어서니 마을버스가 기다리고 있었다. 관광객이 많이 찾아오니 마을의 혼잡을 막으려고 버스를 운행했다. 마을버스로 5분쯤 이동하자 묘족 마을의 상가들이 즐비한 거리가 나왔다. 먼 산에서 흘러내린 물이 마을을 지나고, 목조 집들은 산비탈 따라 생선 비늘처럼 따닥따닥 붙어 산을 덮었다. 천 개가 넘는 집이, 그래서 천호묘채千户苗寨인데 산을 타고 빽빽이 들어차 있었다.

1층에 상가가 있는 3층 숙소에 짐을 풀고 창밖을 내다보니 옆집의 지붕과 창들이 손에 닿을 듯 있었다. 불이 나면 속수무책이겠고, 기와지붕과 지붕 사이를 건너다닐 수도 있어 보였다. 가벼운 옷으로 갈아입고 방을 나섰다. 마을을 돌아다니다가 장례 행렬을 보았다. 검은 옷을 입은 마을 사람들이 길 가득 행렬을 짓고 운구를 뒤따르며 슬피 울었다. 사람은 죽었지만, 공동체는 살아 있었다.

점심을 먹기 위해 음식점에 들어서는데, 음식점 입구에서 전통 옷을 입은 여성이 내게 검은 소뿔 잔을 내밀며 술을 권했다. 그 술을 받지 않고서는 음식점 안으로 들어갈 수 없으니, 안 받아 마실 수가 없었다. 식당 2층에 올라 음식을 기다리는데 이번에는 여성 세 명이 술잔을 들고 돌아다니면서 술을 권했다. 옆자리의 단체 손님들을 위한 특별 행사이기도 했는데, 단체의 리더로 여겨지는 이에게는 더 적극적으로 술을 권했다. 술은 한 잔에서 끝나지 않고 석 잔을 나눠서 입에다가 따르는데, 마시고 있는 술잔에 술을 더 들이붓기도 했다. 나도 그 술 공세를 받아야 했고, 술을 뒤집어쓴 듯해서 혼쭐이 났다.

폭력적으로 보이기도 하는 이 술 문화는 어떻게 생겼을까? 마을 입구에서, 식당 입구에서, 그리고 식탁에서 정신없이 술을 권하는 이유는 뭘까? 이토록 술에 관대한 이유는 또 뭘까? 마음을 풀어놓고 한없이 방종하여도 좋다는 뜻일까? 아니면 상대를 '초전박살!' 내자는 뜻일까? 이성은 내려 두고 순수한 감정만으로 세상을 대하라는 뜻인가? 술꾼들이 꿈꾸는 마을이 있다면, 이 마을이겠구나 싶었다.

식탁에는 맑은 시래깃국, 기름이 둥둥 뜬 말간 고깃국물, 토막 낸 오이무침, 양배추무침, 숭덩숭덩 썰어 놓은 삶은 돼지고기, 그리고 붉은 고추로 양념한 고기반찬이 놓여 있었다. 눈에 띄는 것은 기름에 튀겨 낸 월병과 접시 위에 배춧잎을 깔고 담은 찰기 있는 흰쌀밥과 검은 쌀밥이었다. 밥과 국과 채소 나물과 돼지고기 차림은 우리네 상차림과 많이 닮아 있었다. 반찬 하나하나를 맛보고, 상에 놓인 곡주를 또 반주로 마셨다.

술을 국처럼 마시고 나니, 묘족과 우리가 형제일 수도 있겠다는 생각이 들었다. 우리가 마시는 막걸리도 국그릇에 담겨, 식사와 함께 마시기 때문이다. 술이 지나치다 보니 점심 식사가 곁들인 안주 같았다. 식당을 나설 무렵 나는 거나하게 취해 있었다. 이제 마을 어디든지 갈 수 있을 것 같았다. 집과 집 사이로 난 골목길 안으로 들어가고 상점들을 기웃거리다가, 양조장을 찾아 나서게 되었다. 술을 많이 소비하는 걸 보니, 분명 마을에는 술 빚는 집이 있을 것이다. 마을 사람들에게 술 빚는 곳을 물어물어, 산 중턱에 있는 양조 공간을 찾을 수 있었다.

양조장 앞에는 미주방米酒坊이라는 글귀가 적혀 있었다. 외관은 음식점이나 일반 상가와 다르지 않았다. 미주방 앞의 안내판에는 "술은 멥쌀이나 찹쌀로 빚는데, 단맛이 강하고 알코올 도수가 낮아 피로 회복과 의례용으로 묘족들이 빚고 있다"라고 소개하고 있었다. 미주방 안으로 들어서니 입구에 항아리 단지가 있고 단지 옆에 야구공처럼 생긴 누룩이 있었다. 쌀가루로 하얀 오리 알처럼 둥글게 뭉쳐서 만드는 우리의 이화주 누룩과 닮아 보였다. 다만 누룩에 갈색이 도는 걸 보니 쌀로 만들지 않고 밀이나 잡곡 가루로 만들어진 듯했다.

미주방은 2층 건물인데, 1층에 식탁과 부엌이 있고 술 빚는 설비들이 있었다. 1층 중앙에 2층으로 오르는 나무 계단이 있는 특이한 구조였다. 술 빚는 일은 부엌에서 이뤄지는 여자들의 몫이었다. 은장식을 단 검은 옷을 입은 아주머니가 화덕 앞에서 술을 설명해 줬다. 화덕 위에는 둥글고 넓적한 번철이 있었는데, 그 번철에 쌀과 물을 넣고 끓여 밥을 짓는다. 둥근 누룩을 빻아 밥과 섞어 술을 빚어 발효시키고, 발효가 끝난 술을 번철에 다시 붓고, 그 위에 나무통을 올리고 증류한다. 원시적이고도 간편한 증류법이다.

목통 증류기로 받아 낸 소주를 미주방의 아주머니가 내게 건네주는데, 이번에도 세 번으로 나눠 준다. 한 잔을 세 번에 나눠 주는 게 아니라, 삼세번을 건넨다. 무얼까? 우리처럼 한 잔은 정이 없고, 두 잔은 아쉽고, 석 잔이라야 정이 있어서일까? 우리도 술자리에 늦게 등장하면 후래자삼배後來者三盃라는데, 그런 전통이 여기에도 있는 것일까? 묘족 마을에서는 석 잔 술과 함께 빠지지 않는 게 악기 연주였다.

연주 소리는 술을 몸속으로 흘려보내는 응원가였다.

미주방을 나와 돌계단을 딛고 비탈길을 내려오니, 붉은 술 단지를 놓아두고 술을 파는 가게들이 제법 눈에 띄었다. 전시된 술을 보니 쌀로만 빚는 순미주,* 찹쌀로 빚은 나미주, 검정 찹쌀로 빚은 흑나미주, 계화 꽃잎이 들어간 계화주, 오래 숙성시킨 황주인 여아홍 그리고 묘왕에게 바치는 술인 묘왕공주苗王貢酒가 있었다. 독주가 눈에 띄지 않고 부드러운 곡주가 있는 것을 보니, 묘족이 바이주를 즐기는 한족과 확연하게 다름을 알 수 있었다.

천호 마을을 내려다보기 위해 마을 전망대로 올라갔다. 해는 기울어져 어둠이 깃들기 시작하고, 산을 뒤덮은 집들에서 하나둘 전등 빛이 들어왔다. 천호千戶나 되는 집들이 함께 모여 살게 된 이유는 무엇이었을까? 누군가 침입해 들어오는 사람들로부터 자신들을 방어하기 위해서였을까? 밭을 갈고 농사를 지어야 하는 공동 일꾼들이 많아야 했기 때문일까? 마을 산정에 서니, 따닥따닥 모여 사는 묘족 마을 사람들이 더욱 신비롭게 보였다. 어둠 속 집집마다 밝힌 불빛을 보고 있자니, 하늘의 별들이 산등성이에 내려와 있는 듯했다.

중국을 대표하는 술이 구이저우성 마오타이주라고 하지만, 정작 구이저우성에서 술을 즐기기 제일 좋은 곳을 꼽으라면 단연 천호 묘

---

* 미주(米酒)는 쌀로 빚는 술이다. 한국은 쌀로 빚은 발효주를 약주, 일본은 청주, 중국은 미주라고 부른다. 중국은 수수로 빚는 증류주 고량주가 많이 빚어지고 있고, 대중적으로 소비된다. 중국에서 미주는 소수민족들이 즐기는 변방의 술로 밀려나 있다. 발효주 미주는 끈적거림이 느껴질 정도로 단맛이 강하고 묵직하다. 미주를 증류한 바이주도 있는데, 묘족의 미주도 증류주다.

술 가게에서 파는 술들. 순미주, 여아홍, 흑미주, 계화주 등이 보인다.

족 마을일 것이다. 마오타이진에는 1,000개의 양조장이 있어 술밥을 찌는 냄새와 숙성된 고량주 향기가 가득하지만, 묘족 마을에는 거듭 권하는 술잔과 술을 권하는 노랫가락으로 가득하다. 그래서 권한다면, "술을 만드는 자라면 마오타이에 갈 일이고, 술을 즐기려는 자라면 천호 묘족 마을로 가라!" 하겠다.

서강 천호 묘족 마을을 언제 다시 가 볼 수 있을까? 술을 빚는 동네는 아니지만, 안주가 화려한 것도 아니지만, 기가 막힌 술이 있는 곳도 아니지만, 술의 축제가 날마다 열리는 곳이다. 그런데 다시 묘족 마을에 가더라도 나 혼자 가진 않으리라. 혼자 갈 수도, 감당할 수도 없는 곳이다. 술을 마셔도 취하지 않는 씩씩하고 굳건한 술의 전사들과 함께 갈 테고, 나는 다시 그 전사의 명단을 꾸리는 중이다.

생명보험을 깨고 간 옥토버페스트

#맥주순수령 #비어할레 #메르첸비어

세계 3대 축제에 들고 세계 최고의 술 축제로 꼽히는 옥토버페스트, 그곳을 가 봐야 진정한 술꾼이라는 말을 들을 것 아닌가? 그래서 해외 술 기행지로 벼르고 별렀던 곳이 독일 옥토버페스트 축제장이었다.

맥주 여행은 가야 할 곳이 너무 많아서 어디를 먼저 꼽기가 어렵다. 영국은 에일, 페일 에일, 인디아 페일 에일로 이어지는 전통을 구축해 온 고장이고, 독일은 1516년 공포한 맥주순수령을 바탕으로 정통 맥주를 이어 온 고장이고, 미국은 현대에 들어와 다양한 홉을 기반으로 창의적인 크래프트 맥주의 붐을 일으킨 고장이다. 거기에 수도원 맥주와 람빅 맥주, 체리 맥주를 기반으로 다양한 맥주를 추구하는 벨기에도 맥주 여행을 떠나 볼 만한 곳이다. 사실 맥주는 지구상에서 소비되는 술 양의 80%를 차지하고 있으니, 술을 마시는 대부분의 나라에 크고 작은 맥주 제조장이 있고, 그곳을 견학하거나 여행할 만하다.

그럼에도 옥토버페스트는 200년이 넘는 전통을 지녔고, 해마다 약속된 일정한 기간에 치르는 축제이니, 또 술을 좋아하고 여행을 좋아하니 꼭 한 번은 통과하고 싶었다. 그래서 막걸리학교에서 세계 술 기행단을 꾸리고 여행길에 나섰다. 그런데 우리 여행단 중 나보다 더 강렬한 뜻을 지닌 이가 한 분 계셨다. 그분은 생명보험까지 깨고, 그 돈으로 여행에 참여했다. 그 생명보험은 본인 사후에 가족들에게 지급되는 보험이었다. 물론 그 보험을 들 때 누구도 기대하진 않았겠지만, 보험을 깼을 때 그의 부인이 얼마나 서운했을까 하는 미묘한 생각이 잠깐 들었다. 아니나 다를까, 그이는 부인의 반대를 물리치고 맥주 여행을 감행한 것이었다.

그는 여행 내내 맨 앞줄에 앉았고, 버스에 탑승하는 시간을 아주 잘 지켰다. 혹시라도 실수할까 봐 약속 시간 5분 전에 도착하여 버스 앞자리에 앉는 모범 여행자였다. 문제는 늦게 도착한 이들을 아주 언짢은 눈으로 바라본다는 것이었다. 그는 은퇴한 교사였지만, 나로서는 경찰관을 한 사람 옆에 모시고 여행하는 기분이었다. 프라하 광장에서 자유시간이 주어졌을 때, 30분 늦게 도착한 사람과 그 사람들을 몰고 온 나에게까지 화를 낼 정도였다. 나는 프라하 광장에서 조금 떨어진 맥줏집, 시음 술을 아주 다채롭게 파는 펍으로 향하는 일행을 뒤따라갔고, 그들이 혹시 길을 잃거나 소매치기를 만날까 봐 두리번거리며 양 떼를 몰듯이 돌아왔지만 30분이 늦고 말았다. 기다리고 있을 사람들을 크게 걱정하지 않은 것은, 프라하 광장에는 볼거리가 많았기 때문이다. 거리공연을 보거나, 광장을 에워싸고 있는 건축물들을 보면서 시간을 잊기에 좋은 곳이었다. 그렇게 구경하며 기다릴 줄 알았는데, 그분은 그게 아니었다. 더 보고 싶은 것도 참고, 차의 앞자리에 앉아 늦게 온 사람들을 꼽고 있었다. 더욱이 늦게 온 리더에 더 분개했고, 리더의 자질까지 질책했다. 버스에서 나는 그분께 말했다.

"선생님은 교실에서 수업에 집중 안 하고 책상을 칼로 파는 학생을 보면 때렸죠?"

"당연히 때렸지!"

"혹시 그에게 미술이나 조각에 재능이 있을 거라고는 생각 안 해보셨죠?"

"그렇죠."

"그에게 다른 재능이 있는지 살폈으면 좋았을 텐데, 여행은 한 방향으로만 가는 것은 아닌데…."

내 말꼬리가 흐려졌다. 그렇게 그분과 불편한 여행이 이어졌는데, 옥토버페스트 축제장에서 뜻밖의 일이 벌어졌다.

독일에서 맥주의 중심은, 독일 남부의 재력 있는 도시인 바이에른 지방이다. 1516년 맥주순수령도 바이에른 공작 빌헬름 4세가 공포했다. 독일에는 1,200여 개의 맥주 양조장이 있는데, 바이에른에 그 절반이 넘는 700개가량이 있다.

모름지기 축제는 사람이 하는 것이라 사람들이 많이 모여야 한다. 그런데 옥토버페스트는 너무 많이 모여서 탈이다. 16일 동안 열리는 축제 기간에 600만 명이 넘게 찾아온다. 그 무리 속에 든다는 생각만으로도 현기증이 나지만, 또 그 무리 속에 들어가고 싶은 것도 속마음이다.

독일 뮌헨에서 열리는 옥토버페스트는 해마다 9월 셋째 주 토요일에 시작하여 10월 첫째 주 일요일까지 16일 동안 진행된다. 우리가 찾아간 날은 10월 3일, 축제가 끝나기 이틀 남은 금요일이었다. 축제가 200년을 바라보는 전통을 지녔다니 그 세월이 놀랍기만 하다.

옥토버페스트는 그 뜻을 풀면 '10월 축제'다. 10월에 열린 축제에 맥주가 껴들었고, 어느 순간 주인공이 되었다. 축제를 거듭한 세월이 10월에 새로운 이미지를 불어넣은 셈이다. 원래 옥토버페스트는 바이에른 왕국의 황태자 루트비히와 작센의 테레제 공주가 뮌헨에서 결혼식을 올리던 해, 새로운 왕족 부부의 탄생을 기념하기 위해 벌인 축제에서 시작되었다. 연례행사로 하자고 약속한 것은 1819년의 일이다. 축제장에서 맥주를 공식으로 판매하도록 뮌헨시가 허용한 것은 1880년의 일이고, 튀긴 소시지와 맥주를 파는 가게 헨들브라터라이Hendlbraterei가 생기고 전기도 들어오게 되면서 놀이기구, 공연 행사, 간이 상점들이 불야성을 이룬 것은 1881년부터다. 축제는 한순간 완성되는 이벤트가 아니라는 것을 옥토버페스트가 잘 보여준다.

1880년대에 뮌헨의 맥주 회사들이 1만 명 이상 들어가는 천막 건물인 비어할레Bierhalle(비어홀)를 만들었다. 그리고 옥토버페스트를 상징하는 1ℓ짜리 손잡이 달린 유리잔이 유리 산업의 발달과 함께 생

PAULANER
MÜNCHEN
PAULANER
PAULANER FESTZELT
Bier wie Bayern

^ 천막과 놀이기구, 그리고 광장으로 이어진 축제장 안의 모습

겨나면서 기존의 도자기 잔을 대체했다. 도자기 잔은 속이 안 보여서 용량을 속이는 사람들이 많아서, 투명한 거래를 유도한 것도 대형 유리잔 탄생의 배경이었다.

옥토버페스트 축제가 1810년에 시작되었는데, 코로나 발생 전까지 빠진 횟수가 스물네 번이 있었다. 1854년과 1873년에는 콜레라 전염병 때문에, 1914~1918년에는 1차 세계대전, 1939~1945년에는 2차 세계대전 때문에 열리지 않았다. 그리고 코로나 때문에 2020년, 2021년 행사도 치러지지 못했다. 크고 작은 문제로 축제가 무산된 적이 있지만 그것 때문에 술 축제를 없애지는 않았다. 전쟁이나 전염병의 반대편에 축제가, 옥토버페스트가 자리 잡고 있음을 알 수 있다.

우리는 축제 기간이라 뮌헨의 호텔을 잡지 못하고, 뮌헨에서 127km나 떨어진 레겐스부르크에서 묵은 뒤 아침 일찍 뮌헨시로 들어가야 했다. 그게 현명한 방법인 줄은 가이드의 말을 듣고 이해할 수 있었다. 축제가 열리기 1년 전부터 방을 예약하거나 선점해 두고, 축제가 가까워지면 방값이 치솟는다고 했다.

축제장에 가까워지자 차창 밖으로 이상한 풍경이 펼쳐졌다. 버스가 지나가는 고가도로 위로 사람들이 가득한데, 마치 물살처럼 뒷사람에 떠밀려 가고 있었다. 사람과 사람 사이의 빈틈이 없고 때로 멈춰 선 듯하면서 밀려갔다. 한꺼번에 경기장으로 밀려 들어가는 열성팬들 같았다. 아침부터 맥주를 마시러 서둘러 축제장에 가다니! 행사장이 가까워질수록 그 행렬은 두터워졌고 느려졌다.

그 행렬에서 눈에 띄는 것은 축제장으로 향하는 사람들의 복장이었다. 남자들은 체크무늬 셔츠에 황갈색 멜빵끈이 고정한 무릎까지 내려오는 가죽 반바지 레이더호젠Lederhosen을 입었고, 여자들은 반소매 블라우스에 허리를 잔뜩 졸라맨 리본 달린 원피스 던들Dirndl을 입었다. 남자는 양을 치고 여자는 젖을 짜던 시절로 거슬러 올라간 듯했다. 그들의 차림새만으로도 아주 익숙하고 오래된 전통 축제라는 것이 느껴졌다.

축제장 입구에는 검색대가 있었다. 입장료는 따로 받지 않았다. 다만 축제장 안으로는 큰 가방이나 등짐 가방을 가지고 들어갈 수 없고, 비어홀 텐트 밖의 보관함에 따로 두어야 했다. 옥토버페스트의 가장 큰 사고로 기록된, 1980년 9월 26일에 일어난 폭탄 테러로 열세 명이 사망하고 200명이 부상당한 일이 벌어지고 난 뒤 취해진 조처라고 한다.

축제장 안에 들어서니 비로소 술의 바다에 들어왔다는 생각에, 우리는 이 바다에 빠지지 말고 씩씩하게 건너자는 각오를 다졌다. 맥주 오크통을 실은 마차가 지나다니고, 길 양옆으로 맥주 기념품 가게, 초콜릿과 소시지 안주를 파는 가게가 늘어서 있었다.

축제장 입구에서 행동 수칙을 전달하는데, '생명보험 취소 여행'을 온 은퇴 교사분의 표정이 활짝 밝아졌다. 입구에서 젊은 지인을 만난 것이다. 30대 초반의 제자였다. 분위기 전환의 무언가가 필요했기에, 나로서는 은퇴 교사 못지않게 그 제자가 반가웠다. 무엇 때문에 왔냐고 물으니 대학에 입학하여 맥주를 전공하기 위해 뮌헨에서 독일어 공부를 하고 있다고 했다. 대학을 졸업하고 교원자격시험에 합

양조장을 상징하는 문장들

격하여 지리교사로 5년을 근무했는데, 맥주 전문가가 되기 위해 안정된 교직을 박차고 홀로 뮌헨에 왔다는 것이다. 한국에서 맥주 교육을 받은 것도 아니고, 독일어를 잘하는 것도 아니고, 한국에 돌아가면 취업할 맥주 제조장이 있는 것도, 소규모 맥주 제조장을 차릴 자본이 있는 것도 아닌데 맥주 유학을 왔다고? 남자라면 무모하다고 나무랐겠지만, 이 여성은 좀 달라 보였다. 용맹하다고 할까? 직장 생활로 돈을 좀 모았으니 독일어 공부를 1년 하고, 1년 뒤에는 뮌헨 공대 맥주 전공학과에 도전할 것이라고 했다. 맥주가 뭐길래 이런 도전을 하게 만들고, 또 그 도전이 아름다워 보이는 이유는 뭘까 싶었다. 나는 혹시 유학을 마치거나 유학 중에라도 한국에 오면 막걸리학교에 오라고, 막걸리학교에서 맥주 과정도 진행한다는 말을 건넨 뒤 스승과 제자끼리 즐거운 시간을 보낼 수 있도록 놓아주었다.

축제장의 거대한 천막들 앞에는 양조장 로고와 인형들이 화려하게 장식되어 있었다. 독일에 맥주 제조장이 1,500개가량이 있다지만, 이 행사에 참여할 수 있는 맥주 회사는 뮌헨을 중심으로 활동하는 전통적인 양조장 여섯 군데, 파울라너, 하커프쇼르, 호프브로이하우스, 아우구스티너브로이, 스파텐-프란치스카너, 뢰벤브로이뿐이다.

5,000명에서 1만 명이 들어가는 대형 천막이 열 개도 넘게 있었다. 이들 천막에 들어가기 위해 신나서 몰려갔는데, 입구의 경비원들이 막아서며 입장 불가란다. 안을 잠깐 보고 싶다는 말에도, 사진을 찍고 싶다는 말에도 두 발을 쩍 벌리고서 막아섰다. 영문을 몰라 물어보니 그곳은 예약을 받는 텐트이고, 그 예약은 축제 시작 전 일찍이 마감되었다고 한다. 인기 있는 빅 텐트들은 열 명 단위로 예약을 받고 암표도 있었다. 관광객인 우리는 사전 예약을 한 것은 아니어서, 고분고분 물러날 수밖에 없었다.

출입이 자유로운 비어홀 텐트를 찾아 들어가자 실내 열기가 후끈했다. 천막 중앙에 높은 무대가 있는데, 그 무대 위에서 관악대가 연주 중이었다. 아침 일찍 왔다고 생각했는데 빈자리가 눈에 띄지 않았다. 그제야 고가도로 위를 지나던 행렬의 분주함을 이해할 수 있었다. 고가도로 행렬 속 사람들은 이미 자리를 잡고 편안하게 술잔을 부딪치고 있었다.

우리 일행은 함께 앉는 것을 포기하고 두 사람씩 흩어져서 긴 의자의 끄트머리에라도 걸터앉는 방법을 택해야 했다. 때로 앉을 곳을 찾아 두리번거리는 우리를 위해 고맙게도 자리를 내주는 독일인들도 있었다. 간신히 앉아 통로를 지나다니는 홀 서비스 매니저에게 손을 들어 메뉴를 물었다.

축제장의 특별한 맥주인, 메르첸비어Märzenbier(3월 맥주)를 주문했다. 메르첸비어는 맥주의 생산주기와 관계가 있다. 바이에른 지방에서는 4월 하순까지 맥주를 빚고 맥주가 상하기 쉬운 여름에는 쉬었다가 9월 하순이 돼서야 다시 빚는 전통이 있다. 새로 맥주를 빚으려니 봄에 빚은 메르첸비어를 소진해야 했기에 축제 마당에 내놨고, 그게 또 하나의 맥주 스타일이 되었다. 주문한 맥주는 손목에 힘을 줘야만 바로 들 수 있는 1ℓ 유리잔에 담겨 나왔다.

천막 안의 높다랗게 설치된 중앙 무대에서는 즉석 연주 음악에 맞춰 가수가 노래를 부르고 그 노래가 끝나면 손님들은 "프로스트Prost!"를 외치면서 무거운 술잔의 두툼한 밑동을 부딪치며 건배했다. 술을 마시다가 흥이 오르면, 때로 탁자나 의자 위에 올라가서 노래 부르고 춤을 추는 게 아무 일도 아닌 듯이 행해졌다. 혼자 축제에 참여하더라도 결코 외톨이가 될 일은 없어 보였다. 옆자리 사람들이 말을 걸어 주고 말이 통하지 않더라도 한 번씩 프로스트를 외치며 술잔을 부딪치니 자연스럽게 하나가 되었다.

기념사진을 찍기 위해 일행끼리 뭉치면 지나가는 사람 누군가는 짓궂은 표정으로 얼굴을 내밀거나 손을 길게 뻗어 카메라 안으로 불쑥불쑥 들어왔다. 술에 취했다기보다는, 친근감을 표하는 격의 없는 행동들이었다. '같은 술을 마시고 같은 안주를 먹으니 우리는 모두 친구다!'라고 말하고 있었다. 축제가 200년을 넘겨 오면서 생겨난 습관이나 관성처럼 여겨졌다.

축제장 안의 중앙 무대에서는 연주와 노래가 끊임없이 흘러나오고, 프로스트를 외치면서 잔을 함께 들기를 권했다. 분위기에 서로 동화되고 취해서, 외치고 두드리며 껴안고 춤을 추어댔다. 인간이 표현할 수 있는 모든 흥겨움이 거기에 담겨 있었다.

악단이 노래를 마칠 때마다 건배를 외친다.

1ℓ 술잔을 비우고 주문받는 홀 매니저 여성에게 소리 높여 다시 한 잔을 청했다. 탁자 위에는 매듭 모양으로 생긴 짭짤한 프레첼, 맥주에 절였다가 구워 낸 두툼한 족발 슈바인스학센, 그리고 통통한 소시지 안주가 놓여 있었다. 그 안주의 양도 놀랍지만, 1ℓ 맥주잔을 비우며 안주를 깔끔하게 먹어 치우는 독일 사람들도 놀라웠다. 텐트 안은 환희의 찬가가 울려 퍼지는 기쁨의 장이었고, 열정 가득 찬 광장이었다.

텐트를 나오니 푸른 하늘 아래, 초록 잔디 여기저기에 널브러진 사람들이 보였다. 술에 취해 몸을 가누지 못하는 사람들이었다. 그럼 그렇지! 술에 장사가 있으려고. 술이 약한 건 나만이 아니라는 생각에 마음이 더 넉넉해졌다. 축제장을 내려다볼 수 있는 물레방아 모형의 대관람차도 보이고, 회전목마도 돌아가고, 롤러코스터와 자이로드롭이 회전하면서 떨어지고, 범퍼카도 요란하게 질주했다. 이곳이 원래 놀이공원인가 싶을 정도였다.

축제장을 그냥 빠져나오기가 아쉬워 기념품 가게를 들렀다. 선물로 줄 만한 기념품들, 옥토버페스트 기념 술잔, 축제 초콜릿, 축제 로고가 새겨진 고깔모자, 목걸이, 병따개 등 다양했다.

오후 늦은 시간까지 축제장에 머물렀는데도 행사장이 너무 크고 넓어 못 가 본 곳도 많았다. 술에 취하니 몸도 느려지고, 충분히 보고 즐기려면 내일 또 와야겠다는 생각이 들었다. 그러면 다시 맑은 정신으로 더 야무지게 돌아다닐 텐데, 저녁 시간은 또 다르다던데, 축제 의상을 하나 입고 텐트 안에서 울려 퍼지는 노래도 하나쯤 따라 부르면 더욱 신났을 텐데…. 첫 방문의 아쉬움을 뒤로하고 우리는 축제장을 빠져나왔다.

그래서 독일에 사는 사람이 그렇게 권했나 보다. 옥토버페스트 기간에 동네 맥주 축제도 벌어지는데, 그곳에 가 보면 더 편하게 흔쾌히 즐길 수 있을 거라고. 마을 맥주 축제장이 달콤한 초콜릿이라면, 옥토버페스트는 종합선물 세트이니 너무 무리하지 말라고 덧붙이면서.

버스에 탑승하여 인원 점검을 하는데, 한 명이 약속 시간을 지키지 않았다. 은퇴 교사가 안 보였다. 아니! 제자와 함께 어디로? 문자를 남기고 기다리는데 아주 느긋한 표정으로 은퇴 교사가 돌아왔다. 버스 안에서 나는 그분에게 마이크를 드렸다. 제자를 만났을 때의 밝은

안주를 나르는 축제장의 직원
축제장 안 기념품 가게

표정에 담긴 소회와 약속 시간에 늦은 소감을 물었다. 그는 외롭고 긴 도전에 나선 제자에게 힘이 되어 주고자 말을 많이 했고, 맥주도 많이 마셨다고 했다. 그는 헤어지면서 제자에게 자신의 지갑에 들어 있는 현금을 모두 털어 줬다고 했다. 제자를 향한 사랑이 얼마나 컸으면, 자신의 생명보험을 깬 경비를 다 주어 버렸단 말인가? 모두가 놀라서 탄성을 지르고, 누구는 응원의 박수를 보냈다.

우리는 그 뒤로, 버스 탑승 시간에 조금 늦어도 그분의 눈치를 보지 않게 되었다. 그리고 그가 막막하고 고지식한 아재가 아니라, 아주 따뜻하고 낭만적인 선생님이라는 것도 알게 되었다.

인어 가슴에서 맥주가 나오는 바이센브룬 마을

#맥주 박물관 #감페르트브로이 #안데스 수도원 맥주

행복은 작은 동네에 더 많이 모여 산다. 웃음도 작은 에피소드에서 자주 나온다. 파안대소보다 빙긋 웃는 미소가 마음에 잔잔한 파문을 일으킨다. 축제도 작은 축제가 훨씬 더 정감 넘친다. 큰 축제는 의례를 치르는 것 같다. 물론 아무리 작더라도 그것을 우주처럼 바라보는 어린 마음이 필요하다. 옥토버페스트보다 바이센브룬 맥주 축제가 그래서, 맥주 축제를 처음 찾아온 어린 마음에 오래 남았다.

맥주에 대한 인상적인 표현 하나로 "당신이 무슨 맥주를 마시는지 말해 주면, 당신이 어떤 사람인지 말해 주겠다"라는 말이 있다. 이 말은 1825년 작 『미각의 생리학Physiologie du goût』의 저자 앙텔름 브리야사바랭이 말한 "당신이 무엇을 먹는지 말해 주면, 당신이 어떤 사람인지를 말해 주겠다"라는 표현을 차용한 것이다. 맥주도 음식처럼

마을 회관 앞에서 축제가 열리던 날

지평이 넓어서, 지역에 따라 시대에 따라 다양한 유형이 만들어졌고, 즐겨 왔기에 가능한 표현이다.

술 기행을 가면 나는 마시는 것에만 몰입하지는 않는다. 물론 매일 밤 마트에서 산 그 지역의 술을 맛보면서 체력이 다할 때까지 술을 마시고 이야기꽃을 피운다. 사실 이 시간이 가장 따뜻하고 즐겁고 살갑다. 술 기행을 가면 오전에는 술 제조장, 오후에는 경관이 좋거나 전통이 있거나 이야깃거리가 있는 관광지를 간다. 때로 오전과 오후 프로그램이 바뀔 수도 있다. 그리고 저녁에는 음식과 안주가 좋은 술집을 찾아간다. 모든 식사에 반주로 술을 한 잔쯤은 맛볼 수 있게 한다. 술 기행에 더 담아 보려고 하는 게 체험이다. 독일 맥주 기행을 기획하면서 맥주 빚기 체험이 있다 하여 기꺼이 일정에 담게 되었다.

바이에른 북부의 바이센브룬Weißenbrunn이란 마을을 찾아갔다. 그곳에는 오래된 맥주 제조장이 있고, 맥주 박물관과 맥주 체험장이 있었다. 이곳까지 우리를 안내해 준 한국인 맥주 전문가가 있었다. 독일에서 맥주 소믈리에로 활동하고 있는 이지희 씨였다. 그는 독일 사람들은 옥토버페스트보다도 동네 맥주 축제를 더 좋아한다고 했다.

우리가 방문한 날 바이센브룬 마을은 맥주 축제 준비로 분주했다. 마을 광장에 마치 솟대처럼 긴 장대가 세워지고 그늘막이 쳐지고 이동식 놀이기구가 들어오고 소시지 안주를 함께 파는 이동식 맥주 차량이 들어서고 있었다. 마을 안에는 인어 분수대가 있는데, 내일이면 인어의 가슴에서 맥주가 나오고 그것을 받아 마실 수 있다고 했다. 마을 안에는 500년 전통의 감페르트브로이Gampert-Bräu 맥주 제조장이 있었다.

바이센브룬 마을 회관의 반지하에는 맥주 박물관이 자리했다. 박물관이라고 해서 맥주 관련 유물이나 골동품의 전시 공간이 아니라, 맥주를 만들 수 있는 체험 공간으로 꾸며져 있었다. 한쪽 벽면에는 들판에서 따온 홉넝쿨이 걸려 있었다. 맥주에 홉이 들어간다는 말을 듣긴 했지만 나는 홉넝쿨을 그곳에서 처음 보았다. 홉을 따서 손바닥에 비벼 보니 박하 향이나 송진 향 같기도 한 활달하고 진한 향이 풍겼다. 마음이 진정되고 편안해지는 느낌을 받았다.

박물관 관장 헤르 크라우저 씨가 우리를 안내했다. 40년 동안 마을 안에 있는 감페르트 맥주 제조장과 안덱스 수도원 맥주 제조장에서 일한 경력을 지니고 있었다. 맥주 빚기 체험을 하기에 앞서 마을 회관 앞 노천 식당에서 점심 식사를 권했다. 맥주 장인들이 즐겼던 식사라고 했다. 겉이 딱딱하지만 속은 부드러운 둥근 빵 한 개와 손가락 굵기의 소시지 두 개가 주어졌다. 독일인들의 체구에 비했을 때, 식사는 좀 빈약해 보였다. 나는 밥과 반찬을 따로 먹듯이 소시지 따로 빵 따로 먹었더니, 박물관 관장이 내게 맥주 노동자들이 먹는 방식을 가르쳐 주었다. 빵을 절반으로 가르고 그 안에 소시지 두 개를 모두 끼워 토마토소스와 머스터드를 뿌린 뒤 조개처럼 야무지게 아물리고서 삐져나온 소시지부터 베어 먹었다. 바로 관장을 흉내 내어 보았더니, 빵과 소시지와 소스가 함께 어우러져 훨씬 풍부한 맛을 느낄 수 있었다. 시간을 절약하는 간편한 맥주 노동자의 식사일 테지만, 따라 나오는 맥주가 있어 목이 메지도 않고 또 식사가 적다는 느낌도 들지 않았다.

맥주는 오크통을 축소시킨 형태의 5ℓ 크기 스테인리스 통에 담겨 나왔다. 한국의 대형마트에서도 수입해서 팔고 있는 제품 디자인이다. 마을 식당에서 마시는 맥주 맛은 명징하고 날렵했다. 안개가 가시고, 햇살이 쨍하게 비치기 시작하는 들판에 선 느낌이었다. 이 마을 양조장인 감페르트에서 제조한 맥주였다. 한 잔의 맥주를 들이켜고 나서 입안에서 느껴지는 맛이 신선하고 풍부했고, 뒷맛은 깔끔했다.

점심을 먹고 나서 크라우저 관장의 안내로 맥주 박물관에서 맥주를 빚었다. 관장은 먼저 보리와 홉에 관해서 설명했다. 보리와 밀 이삭을 보여 주며 둘을 구분해 보라고 했다. 껍질을 벗기지 않은 상태로는 구분하기가 쉽지 않았다. 다만 식량으로 삼는 일반 보리는 여섯 줄 보리인데, 맥주를 빚는 보리는 두 줄 보리로 이삭에 맺힌 알곡이 두 개씩 층을 이루고 있다고 설명해 주어 쉽게 구분할 수 있었다.

틔운 싹을 제거한 맥아, 굽거나 태운 맥아, 분쇄기로 갈아서 빻은 맥아도 차례로 보여 주었다. 그다음에는 40ℓ 정도 되는 원통에 물을 끓이고, 빻은 맥아를 부어서 우리 일행에게 막대로 휘젓게 했다. 맥아를 당화하는 과정이었다. 맥아를 끓이는 것이야 식혜를 만드는 과정과 흡사했다. 다만 우리는 엿기름을 미지근한 물에 불려 바락바락 치댄 뒤에 맑은 물만 끓여 쓴다면, 맥주는 엿기름을 전부 넣어 끓이는 게 달랐다.

좀 더 상세히 들여다보면, 맥주를 만들 때는 분쇄한 맥아를 통째로 넣고 섭씨 62~64도에서 30분, 섭씨 72~74도에서 30분씩, 온도와 시간을 엄밀하게 정해 놓고 끓이고, 이를 거듭 걸러내고, 마지막에는 섭씨 78도로 끓인 물을 다시 부어서 맥아 효소의 당화 작용을 중지시키면서 맥아에 담긴 단맛 나는 성분을 알뜰하게 우려냈다.

달여진 맥즙은 달달하고 구수했다. 이 맥즙에다가 홉꽃을 넣고 90분 동안 끓이는 작업이 이어졌다. 맥즙을 달이면서 홉을 넣는데 한꺼번에 넣지 않고, 시간대별로 나눠 넣었다. 처음에는 준비한 홉의 절반을 넣고, 30분 뒤에는 반의반을 넣고, 마지막으로 불을 끄고 반의 반을 넣었다. 먼저 넣은 홉에서는 쓴맛을, 나중 넣은 홉에서는 산뜻한 홉 향을 얻기 위해서란다. 단맛과 쓴맛과 구수한 맛과 곡물 향과 홉 향을 얻기 위해 단계별로 체계화된 공법이 맥주의 지나온 역사를 보여 주고 있었다.

홉을 넣어 맥즙을 90분간 달인 다음은 냉각 작업이 이뤄졌다. 뜨거운 맥즙을 냉각관으로 흘려보내서 차갑게 하는데, 오염되지 않게 되도록 빨리 식혀야 했다. 맥즙을 20도 정도로 식힌 다음 발효통에 맥즙을 담고, 건조 효모를 넣고 한 달쯤 발효시키면 맥주가 완성된다.

관장은 우리가 만든 맥주를 맛볼 수 없는 아쉬움을 달래 주려고 감사하게도 한 달 전 우리가 실험한 맥주와 똑같이 담근 맥주를 맛보여 주었다. 맥주가 시원하거나 가벼운 느낌은 없고, 구수하고 농밀하고 향긋하게 느껴졌다. 알코올이 들어 있는 짙은 색이 도는 보리차를 마시고 있는 듯했다. 맑고 투명한 맥주가 아니었고 농밀하고 색깔 있는, 그래서 특별하다는 인상을 주었다.

맥주 체험을 하면서 놀라웠던 것은 어떻게 이 작은 마을에 맥주 체험관이 있고, 500년 된 양조장이 있냐는 것이었다. 너무 자연스럽게 500년을 이야기하는데, 어쩐지 실감이 나지 않았다.

감페르트브로이의 설립 날짜가 1514년이다. 맥주순수령이 내린 게 1516년이니 그 무렵의 브로이였다. 바이센브룬 마을은 중세부터 맥주 마을로 알려졌는데, 그 이유는 맥주 빚기에 최적의 조건을 갖추고 있기 때문이라고 했다. 비교적 시원한 기후 조건에 좋은 물이 있고, 보리 경작지가 넓어 맥아 공급이 원활하고, 홉 재배도 하고, 북쪽 경사면에 양조용 지하 저장고도 마련할 수 있고, 연료로 쓰이는 목재

축제장으로 들어서는 마을 청년들의 행렬

공급도 원활하고, 큰 도로가 지나가서 운송이 자유롭다는 점들이다. 감페르트 이름은 1619년부터 사용하기 시작했고 1896년부터 증기 동력을 이용하여 양조했다. 1900년 냉장창고가 들어왔으며 1906년에 맥아를 직접 만드는 가마가 들어오면서 현재 규모의 설비를 갖췄다. 지금도 맥아를 직접 만들어 술을 빚는 양조장으로 홍보하고 있었다.

마을 근처에서 잠을 자고 이튿날 일요일 낮 1시에 맞춰 다시 마을 맥주 축제장을 찾아갔다. 마을 언덕 위쪽에서 풍악대 행렬이 앞장서고 흰 셔츠의 양조장 제복을 입은 젊은 남녀가 손을 잡고 뒤따랐다. 그 뒤로 최고급 자동차를 생산하는 나라답게 맵시 있는 자동차, 선명한 색상의 오픈카, 그리고 바퀴가 커다란 농기계 차도 뒤따랐다. 움직

인어 분수대에서 맥주를 받다.

이는 값비싼 살림살이를 다 가지고 나와 행진하는 모습이 흥겨웠다. 맥주로 마을이 하나 되는 날이었다.

행사의 절정은 마을 분수대의 인어 가슴에서 맥주가 나오는 순간이었다. 마을 중심에 인어상을 만들어 두고 그 가슴에서 맥주를 분출케 하다니 좀 짓궂고 해괴한 일이지만, 이도 마을 전통이 되었다고 한다. 보통 때는 인어 가슴에서 물이 나오지만, 축제 때는 하얀색을 띤 거품 맥주가 나왔다. 어디서 맥주가 나오나 궁금하여 인어 분수 뒤편으로 가 보니, 우리에게 맥주를 가르쳐 준 크라우저 관장이 케그 통과 이산화탄소 통이 연결된 관을 인어 분수대 아래로 연결시켜 맥주를 공급하고 있었다. 마을 양조장 감페르트브로이에서 빚은 생맥주라고 했다.

행렬에 참여한 흰 셔츠의 마을 청년들이 인어 가슴에서 맥주를 받아, 축제에 참여하는 사람들에게 나눠 주었다. 우리도 그 맥주를 받아 마시면서 마을 사람들과 함께 환호를 질렀다. 마을 광장에서 맥주 빨리 마시기 대회가 열린다고 하여 우리도 참가했다. 우리 일행 중 체격이 좋은 두 사람이 참여하였고, 부산 사나이 영진 선생님이 독일 사람들보다 먼저 맥주잔을 머리 위로 올려 뒤집는 데 성공하여 1등을 차지하고 박수갈채를 받았다. 아쉽게 부상은 따로 없고 가득 마신 맥주가 전부였다.

맥주에 취하고 분위기에 취해서 마을 축제장을 바라보니 마음이 따뜻하고 포근해졌다. 이 마을의 풍경이 오래도록 내 눈앞에 삼삼하게 떠올라 잊히지 않겠구나 하는 생각이 들었다. 큰 축제에서는 화려한 공연단이 무대를 장악하고 그들이 떠나가면 행사장도 텅 비는데, 작은 마을 축제는 내가 마치 주인공이 된 것 같아 마음이 뿌듯했다. 맥주 인어공주가 살고 500년 된 맥주 제조장이 있는 바이센브룬 마을을 돌아 나오는데, 오래도록 이 마을에 살다가 떠나가는 것 같았다.

맥주 빨리 마시기 대회에서 초록색 티를 입은 이가 우승했다.

비닐봉지에 맥주를 담아 마실지라도

#칭다오 맥주 축제 #칭다오 맥주 박물관 #원장 맥주

인천공항에서 가장 가까운 외국, 그곳이 산둥반도 청도, 칭다오다. 칭다오 하면 맥주가 떠오르고, 초록색과 양꼬치가 연상될 정도로 칭다오 맥주는 한국 매출량이 늘었고 편의점도 점령했다.

칭다오에서 해마다 8월 중순이면 맥주 축제가 열린다. 중국인들은 뜨거운 차를 즐기고, 튀기고 볶는 음식을 즐겨서인지 찬 맥주를 싫어한다. 여름에 중국을 여행하면서 음식점에 들어갔을 때, 찬 맥주가 없다는 사실에 낙망한 적이 한두 번이 아니다. 그건 마치 김빠진 콜라를 받았을 때의 당혹스러움과 닮았지만, 식문화가 다르다는 것을 받아들일 수밖에 없는 순간이기도 했다.

어쨌든 중국은 이제 세계 최대 맥주 생산국과 최대 소비국가가 되었다. 세계 1위 맥주 생산 제조장이 설화, 두 번째가 칭다오 맥주다. 그래서 산둥반도를 찾아갔다.

칭다오 맥주 축제를 보고 싶어서 부러 여름에 칭다오를 갔다. 가기 전에 칭다오에서 살았거나, 칭다오 맥주 축제를 다녀온 이들에게 방문 평을 들어 보았다. 그런데 썩 좋지는 않았다. 뭐랄까, 내 여행에 찬물을 끼얹지 않기 위해서 말을 아꼈다.

"괜찮아요. 그래도 한 번쯤 보는 게 좋으니 가 보세요. 그러면 아실 거예요."

영화 티켓을 끊어 둔 줄 번연히 알아, 그 영화가 재미없다는 이야기를 할 수는 없는 그런 분위기였다.

그래도 나는 실패하지 않을 중국 여행의 요소를 가지고 있었다. 산둥반도는 가까우니 우선 경비가 적게 들지 않겠는가. 그리고 어려서부터 단련된 중국 음식의 오리지널을 맛보러 가는 도정이 아니던가. 칭다오가 한국 맥주 시장에 들어오면서 내건 '칭다오에 양꼬치', 그 꼬치구이를 즐길 수 있을 것이고, 마지막 보루는 녹진한 몸을 풀어 줄 마사지 여행이 있지 않은가. 그리고 돌아오면서 한국에서 구하기 어려운 바이주 1ℓ, 세관 통과 분량이면 족하지 않은가. 이렇게 무너지지 않을 마음의 방어벽을 치고 칭다오 여행길에 나서니 훨씬 홀가분해졌다.

먼저 칭다오 맥주 제조장을 찾아갔다. 세계 2위의 생산 제조장으로 성장한 칭다오에는 맥주 박물관이 있다. 2003년에 4,000만 위안, 한화로 약 70억 원을 들여서 칭다오 맥주 제조장 안에 박물관을 들였다. 양조장 문만 열려 있다면 기꺼이 찾아가는 여행자로서, 박물관까

칭다오 맥주 제조장이자 맥주 박물관

지 있는 양조장이라니! 그것은 외부 손님을 환대할 준비가 되어 있다는 징표다. 그래서 마음이 놓였다. 그런데 예상치 못한 복병을 만났다. 칭다오 박물관을 찾아오는 손님들이 너무 많았다. 마당에서부터 붐벼서 양조장 건물을 배경으로 사진 한 장 찍기조차 어려웠다. 단체 관광객들을 피해서 구경하느라 신경을 더 써야 했다.

칭다오 맥주 제조장은 유럽 열강들의 제국주의 침략으로 생겨난 식민지 유산이다. 유산이 아니라, 잔재인가? 유산이면 지킬 테고 잔재라면 지울 텐데, 지키고 있으니 그냥 유산이라고 하자. 독일이 청나라로부터 칭다오를 강압적으로 조차한 것은 1897년 일이고, 독일과 영국이 합작하여 칭다오 맥주 제조장을 세운 것은 1903년 일이다. 양조 설비와 원재료를 독일에서 들여와서 가동했고, 1906년에는 독일 뮌헨 국제 박람회에 출품하여 금상을 받으며 주목받기도 했다. 1차 세계대전에서 독일이 패전하면서 1916년부터는 일본이 칭다오 맥주를 관리하였다.

칭다오 맥주 제조장은 1945년 이후에는 중국 정부에 의해서 관리되었고, 1993년에는 주식이 상장되어 자본 시장에 나와 국제 기업이 되었다. 1903년의 양조장 건물이 보존되어 있는데, 그곳을 활용하여 100년이 지난 2003년에 맥주 박물관을 만들었다.

칭다오 맥주 박물관의 규모는 6천m²(1,815평)이며, 두 개의 공간으로 분리되어 있다. 초창기에 지어진 독일식 벽돌 건물에는 100년 역사 문화관이 마련되어 있다. 초창기 맥주병과 잔이 있고, 맥주를 수출했던 낡은 서류도 보관되어 있었다. 박람회나 세계대회에서 수상한 이력과 국내외 유명 인사들이 찾아온 기록 사진도 자리했다. 양조장이 보낸 세월 속에 담긴 시대상과 풍물을 함께 보여 주었다.

맥주 제조 과정 전시관은 제조장 건물 쪽에 마련되어 있어서, 티켓을 다시 보여 주고 들어가야 했다. 이 전시관에서는 재료인 보리와 홉, 맥주 생산 과정, 오래된 발효통과 숙성통, 연구 직원의 홀로그램 영상 등이 실감 나게 전시되어 있었다. 맥아를 말리고 선별하는 공정 작업도 실물 크기의 작업자 모형을 만들어 소개하였다. 흥미롭게도 맥주에 들어가는 홉을 주화酒花(술꽃)라고 소개했다. 술꽃이 있는 줄은 상상도 못 했는데, 홉에 술꽃이란 이름을 부여한 것이다. 맥주가 세계에서 소비되는 음주량의 80%를 차지하고 있으니, 그렇다면 홉을 술꽃이라 칭할 만하다.

맥주 발효실을 지날 때는 홀로그램 영상 속 맥주 장인이 관람객들에게 맥주를 끼얹었다. 입체 영상이라는 것을 알면서도 깜짝 놀랄 수밖에 없는 것은, 맥주를 끼얹을 때 천장 쪽에서 물방울이 함께 뿌려졌기 때문이다.

견학로가 길고 사람들도 많아서 좀 피곤하다 싶을 때 맥주 시음장이 나왔다. 입장권을 가진 이에게 제공하는 무료 맥주 두 잔 중 한 잔이 제공되었다. 칭다오 맥주 제조장의 발효통에서 직접 떠 마신 듯 신선한, 그러면서도 갓 여과되어 풍부한 원액의 맛이 느껴졌다.

다시 박물관 통로로 들어서니 맥주 제조 장비가 전시되어 있고, 복도 창을 통해서는 실제 맥주를 병입하는 모습도 볼 수 있었다. 술 취한 상태를 느낄 수 있도록 만든 취주소옥醉酒小屋, 중심을 가누기 어려운 움직이는 방에 들어갔다가 토할 듯한 메스꺼움을 느꼈다. 취주소옥을 지나 기념품 판매장에 들어서니 이제 박물관 여행도 끝이 났다. 판매장에는 술병, 술잔, 병따개, 티셔츠, 발효 화장품, 맥주효모로 만든 영양제 등이 있었다.

기념품만 사고 맥주 박물관 투어를 마칠 수는 없지 않은가. 방문객의 마음을 이해하기라도 한 듯 견학로의 마지막 공간은 천장 높은 펍이었다. 이곳에서 또 한 잔의 무료 맥주가 제공되었다. 견학로 중간에서 제공되었던 맥주보다는 여과가 잘되어서 훨씬 맑고 투명했다. 양조장 안에서 만든 맥주를, 돈을 내고 종류별로 자유롭게 마실 수 있

맥아를 손질하고 있는 직원들의 모형

는 공간이었다.

하지만 칭다오 박물관 펍은 너무 붐벼서, '어서 가자! 어서 나가자!' 도망치듯 밖으로 빠져나와야 했다. 그런데 박물관을 나오자 온통 맥주 거리가 펼쳐졌다. 길가에 펼쳐진 가게들이 죄다 펍과 맥주 파는 음식점들이었다. 맥주 제조장에서 만들어진 맥주가 이 거리에서 모두 팔리고 있는 것은 아닐까 싶을 정도로 맥줏집들이 많았다. 이곳에서 꼭 맛봐야 할 인기 맥주가 있었으니, 그게 원장原裝 맥주다.

원장 맥주는 양조장에서 살균하지 않고 효모가 살아 있는 상태의 신선한 맥주를 말한다. 원장 맥주는 이곳, 칭다오 맥주 제조장 주변에서만 판다. 유리병이나 캔에 담긴 맥주보다 훨씬 더 맛이 풍부하고 깊었다. 멀리서 칭다오 맥주 제조장 마을을 찾아오는 이유이자 이

비닐봉지에 담아 마시는 칭다오 맥주

마을에 맥줏집들이 즐비한 이유이기도 했다.

원장 맥주를 포장해서 담아 가는 이들도 많았다. 그런데 맥주를 병에 담지 않고, 비닐봉지에 담아 무게를 달아 팔았다. 비닐에 맥주를 담다니, 이게 뭐란 말인가? 보기에 민망했는데, 담아 가는 사람도, 담아 주는 사람도 아무렇지도 않아 했다. 실례가 되는 얘기지만, 비닐봉지 맥주가 내 눈에는 색깔도 그렇고 형태도 그렇고 오줌을 담아서 들고 가는 것 같았기 때문이다. 그런데 우리 일행 중 한 분이, 어느새 비닐봉지 맥주를 사 빨대를 꽂아 마시면서 인증 사진을 찍고 있지 않은가. 그 순간 내 마음도 풀어졌다. 그렇지, 여행이란 그 마을에 녹아드는 것이고 그 마을 사람처럼 처신하는 것이지!

원장 맥주가 몸속으로 들어가자, 우리는 오늘의 여정을 이곳에서 마무리하는 게 좋겠다는 의견에 일치를 보았다. 술맛이 좋으니 어디를 가고 싶지도 않고, 소문난 관광지가 옆에 있다 할지라도 따분하게 여겨졌기 때문이다. 술이 우리를 무장해제시켰다.

이튿날 칭다오 축제장을 찾아갔다. 전날 만족스러운 맥주 순례로 마음은 한껏 편안했다. 축제장을 찾아가는 기분이 이미 풀어 본 문제를 다시 대하는 듯 느긋했다.

칭다오 축제는 비주성啤酒城이라고 이름 붙여진 칭다오 시내 노산 세기광장에서 열렸다. 칭다오시 박물관과 칭다오 대극장이 있는 광장이니, 도시의 문화 공간 중심에서 맥주 축제가 열리고 있었다. 오전 9시부터 오후 3시까지는 10위안(약 1,500원), 오후 3시부터 밤 10시까지는 20위안(약 3,000원)의 입장료를 받았다. 행사장 입구에는 검색대가 있고 공안들이 앉아 있었다.

맥주 회사들이 설치한 대형 천막이 행사장 안에 처져 있었다. 행사장 남문 쪽에 칭다오 맥주 천막이 있고 그 옆에 뮌헨慕尼黑의 호프브로이하우스 천막, 독일 크롬바커科隆巴赫 천막, 덴마크의 칼스버그嘉士伯 천막, 안호이저부시 인베브의 버드와이저百威 천막, 독일 파울라너柏龙 천막 그리고 다시 칭다오 맥주 야외 시음장이 이어졌다. 참여 업체는 칭다오 맥주 회사를 포함한 중국에 진출한 글로벌 맥주 회사 여섯 곳이었다.

칭다오 맥주 축제는 옥토버페스트를 본떠서 1991년에 시작되었다. 옥토버페스트 축제장의 대형 천막보다는 훨씬 작았지만, 도시의 광장에서 16일 동안 진행되는 것은 동일했다. 천막 설치 비용만 하더라도 한 개에 억대가 넘는 비용이 들고, 수천 개의 탁자와 의자를 펼쳐 놓고 진행하니 투자 비용을 회수할 수 있는 충분한 시간이 필요한 축제들이다.

대형 천막 안에는 무대가 있고, 무대를 향해 객석이 펼쳐졌다. 천막 출입은 자유로웠고, 옥토버페스트는 몇천 명씩 들어가는데, 칭다오 축제장의 텐트는 몇백 명이 들어가는 정도라 위압적이진 않았다. 무대에서 공연이 펼쳐졌는데, 가수들이 노래를 부르고 춤을 췄고, 곡마단들이 곡예를 하고, 서예가가 대형 붓글씨를 써서 경매에 부치기도 했다. 옥토버페스트의 천막과는 사뭇 달랐다. 옥토버페스트 천막 안은 공연자의 연주가 배경 음악으로 깔리고 축제에 온 사람들끼리 어우러졌다면, 칭다오 천막은 공연이 중심이 되어 천막 안으로 손님들을 유도하고 공연에 집중하게 했다. 그러다 보니 옥토버페스트는 술 마시는 사람의 목소리가 크게 들리는데, 칭다오 축제는 무대 위의

칭다오 맥주 축제장의 맥주 천막

마이크 소리가 더 컸다. 무대 앰프에서 울리는 소리가 귀청을 찢을 듯 맹렬했다. 그래서 불편했다. 노련하게도 옥토버페스트에서는 음량을 85dB 이하로 유지하는 규칙이 있었다. 칭다오에서는 거칠게도 그런 경계가 없다 보니 음악 소리가 너무 커서 귀를 막아야 했고, 그도 오래 견디기 어려워 맥주잔을 서둘러 비우고 자리를 박차고 나와야 했다. 중국인들은 저렇게 큰 소리를 어떻게 참고 살까 놀라웠고, 그래서 외국 여행하면서 만난 중국 사람들의 목청이 큰 이유를 조금은 이해할 수 있었다.

맥주 회사 대형 천막 밖에는 안주와 기념품을 파는 가게들이 있었다. 중국 안내인의 설명에 따르면, 평생 바다를 한 번도 본 적 없는 내륙에 사는 중국인들이 바닷가 휴양지인 칭다오를 찾아오는데, 여름 맥주 축제 기간에는 맥주까지 맛보려고 더 많이 찾아온다고 했다.

독일 옥토버페스트처럼 칭다오 맥주 축제장에도 대형 놀이시설이 있었다. 술 축제장의 거의 절반 정도가 놀이시설 공간이었다. 가족끼리 찾아올 수 있도록 배려한 공간이었다. 술이든 술 축제든 대중들에게 다가가려면 19금의 경계가 없는 문화 코드를 함께 찾아내야 하는가 보다. 무알코올, 발효 빵, 발효 부산물, 술의 원료가 되는 곡물과 과일 들의 정보 지식을 공유하고, 놀이 공간을 만들어 내는 것은 그런 이유 때문이다.

칭다오 맥주 축제장의 큰 매력은 다채로운 중국 길거리 안주들이었다. 가장 먼저 꼬치구이들이 눈에 띄었는데, 꼬치에는 돼지고기, 소고기, 닭고기, 오징어, 새우, 조개, 과일, 메뚜기, 전갈, 파충류까지

끼울 수 있는 것은 모두 끼워져 있었다. 꼬치에 끼워진 구이들은 양이 적어서 가격이 저렴하고, 길을 가면서 흘리지 않고 하나씩 빼 먹을 수 있는 것도 장점이었다. 그런데 칭다오에서는 맥주에 어울리는 안주로 양꼬치보다 바지락을 훨씬 높게 쳤다. 칭다오가 바닷가 마을이라 그게 더 어울린다는 것이다. 양고기 꼬치는 내륙의 안주라는 것. 그러니 칭다오 맥주에 양꼬치를 결부시킨 것은, 칭다오의 한국 마케팅 전략이라고 했다. 중국에서 칭다오는 바닷가에 있지만, 한국에서 칭다오는 중국에 있으니 '칭다오에 양꼬치'라고 말한들, 한국에서는 틀릴 게 없어 보인다.

세계 어느 곳에서 열리든 술 축제는 위험 요소를 안고 있다. 술에 취하고 감정을 풀어놓다 보면 사고로 이어지기 쉽다. 그래서 술 축제는 양조장 단독으로 진행하기가 쉽지 않다. 지역 공동체의 공감대가 형성될 때, 술의 축제가 가능하다. 칭다오 맥주 축제는 광장에서 펼친 거대한 클럽 이벤트 같았는데, 이 또한 도시 문명이 만들어 낸 풍경이라 여기면 여유롭게 바라볼 수 있을 것이다.

니가타 사케노진의 폭발적인 인기

#청주 #무여과생주 #특정 명칭주

모든 축제에는 술이 있다.
축제의 끝에 술이 기다리고 있거나, 술을 기다리는 사람이 있다.
그런데 술 하는 이들은 말한다.
이 사람아, 술을 저녁까지 기다릴 게 뭐 있나!
아침부터 술을 즐길 수 있는 축제는 술 축제뿐!

술의 모든 것을 보고 싶다면, 술 박람회나 술 축제장을 가 보는 게 좋다. 술은 생산자와 유통자와 소비자가 분명하고, 기술의 발달에 따라 품질도 달라지기 때문에 변화의 양상을 바라볼 수 있는 곳에 찾아가 보면 좋다. 양조업자나 외식업 종사자들도 새로운 술을 찾고 트렌드를 이해하려면 박람회나 축제장을 가야 시야를 넓힐 수 있다. 이런 이유로 도쿄 식품 박람회도 가 보고 히로시마 술 축제장도 가 보았는데, 내게 인상적이었던 곳은 니가타의 사케노진 축제였다.

일본 니가타현에서 열린 사케노진酒の陣 축제는 해마다 3월 두 번째 토요일과 일요일에 열린다. 나는 스무 명 정도의 술 기행단을 꾸려 2014년, 2018년, 2019년에 사케노진 축제를 구경하러 갔다. 사케노진은 독일 술 축제 옥토버페스트를 흉내 내어 2004년에 만들었다지만, 이는 옥토버페스트의 명성에 기대려는 홍보 전략쯤으로 보였다. 옥토버페스트와 그다지 닮지 않았다. 그렇다고 옥토버페스트의 짝퉁이냐고 하면 그렇지도 않다. 사케노진은 그 나름대로 개성이 있고, 세련된 완결성도 있다. 옥토버페스트는 16일 동안 광장에서 대형 천막을 치고 음악과 함께 '아우성치며' 1ℓ 맥주잔을 목젖을 열고 들이켜는데, 사케노진은 2일 동안 일산 킨텍스 같은 박람회장에서 작은 부스들을 채워 놓고 작은 잔으로 혀끝을 적시며 '야금야금' 시음하면서 진행된다. 그래서 사케노진은 상품을 홍보하는 박람회인가 싶은데, 그 안을 들어가 보면 술을 즐기는 축제 분위기를 갖추고 있다.

사케노진은 이틀밖에 열리지 않고, 일본 내에서도 소문이 나서 도쿄에서 신칸센을 타고 오는 여행단이 있을 정도다. 당연히 붐비기에 서두르지 않으면 기다리느라 시간을 뺏기고 사람들 틈에서 술잔을 내밀며 시음하기도 벅찬 상황이 되고 만다. 그래서 우리 일행은 일찍 서둘렀고, 개장하기 30분 전 행사장에 도착했다. 그런데도 줄은 이미 박람회장 건물 출입문을 나와 계단을 내려가서 박람회장 공원길을 지나, 바다로 이어지는 강변을 따라 길게 이어져 있었다. 행사 이름인 '사케의 진'에 걸맞게 사람들이 장사진을 쳤다. 그 길이가

1km는 되었는데, 맨 뒤가 어딘 줄은 '最後尾최후미'라는 표지판을 든 안내인을 보고서야 알았다. 2018년에는 한 시간 전에 와서 건물 안에서 기다렸는데, 2019년에는 30분 전에 왔더니 건물 바깥으로 멀리 내동댕이쳐지고 말았다. 축제에 참여한 게 맞다면 무슨 줄 서기 축제에 참여하는 것 같았다.

그래도 오전 10시 입장 시간이 되자 긴 줄이 순식간에 건물 안으로 빨려 들어가, 10시 30분이 되어 손목에 티켓을 감고 축제장으로 들어가는 에스컬레이터를 편안하게 탈 수 있었다. 행사장은 이미 사람들로 가득 차 있었다. 마지막 관문이 또 하나 있어서, 행사 안내원이 입장권을 확인하면서 작은 시음 잔 하나를 나눠 주었다. 잔의 바닥에 그려진 두 개의 푸른색 원이 뱀눈처럼 보여 뱀눈 잔이라고도 부르는 기키초코きき猪口 잔이었다. 이제 술잔을 들고 부스를 돌아다니며 요령껏 마시면 된다. 나는 일행들에게 취하지 말라, 인상적인 술이 있으면 서로 추천해 줘라, 그리고 모든 부스의 술을 맛본다는 도전적인 자세로 돌아다녀 보라고 말하고, 나도 뱀눈 잔을 채우기 위해 시음 인파 속으로 빨려 들어갔다.

니가타 사케노진 행사는 니가타현의 칭주 주조장만 참여할 수 있다. 2019년 기준으로 니가타현의 전체 89개 사케 주조장 중 83개가 참가했다. 주최 측에 물어보니 사케 업체 중에서도 주로 소주에 비중을 더 두고 있는 업체는 참여하지 않

♥ 뱀눈 잔, 기키초코

았다고 한다. 행사가 끝나고 이틀 동안 방문한 사람의 숫자가 발표되었는데 2018년보다 88명이 늘어난 14만 1,611명이었다. 그 인기는 어디서 생겨난 것일까? 우리가 왜 이곳을 찾아왔고 무엇을 보았는가를 말하면, 그 이유를 충분히 설명할 수 있겠다.

첫째, 행사장 안에서 일본 니가타 사케를 모두 볼 수 있었다. 일본에 올 때마다 느끼는 점이지만, 주조장끼리 경쟁하는 관계일 텐데도 잘 뭉친다. 그게 축제를 성공으로 이끄는 가장 큰 동력이라고 본다. 게다가 니가타현의 사케는 일본 내수 시장에서 우월한 경쟁력을 지니고 있다. 2018년 통계에 따르면 니가타현에는 89개로 전국의 현 중에서 가장 많은 주조장이 있고, 그 뒤를 2위 나가노현 80개, 3위 효고현 71개가 따랐다. 2016년 통계에 따르면 성인 1인당 일본 사케 소비량 1위가 니가타현으로 11.8ℓ이고, 2위가 아키타현 9ℓ, 3위가 야마나시현 7.9ℓ이다. 일본 사케 출하량은 효고현과 교토부에 이어 니가타현이 3위를 차지하고 있다.

그리고 현 단위에서 유일하게 운영하고 있는 양조 연구소는 니가타현 양조 시험장뿐이다. 이 시험장은 1930년에 출범했는데, 건물은 주조장연합회의 기부로 지어졌고 인력 운영은 니가타현청에서 하고 있다. 이곳에서 니가타산 양조벼 품종인 고햐쿠만고쿠, 잇본지메, 고시탄레이를 개발하고, 붉은 효모를 분리 배양하여 보급했다. 니가타현 양조 시험장 팀들도 사케노진 행사장에 참여하여 그간의 활동을 홍보하고 있었다.

일본 사케노진 행사장엔 니가타 청주 주조장들이 참석한다.

둘째, 사케노진 축제장을 돌아보니 홍보하고 맛보고 구매하고 즐기는 요소들을 섬세하게 잘 갖추고 있었다. 행사장에는 벌써 내년 행사의 날짜를 알리는 포스터가 보였다. 축제 날짜가 고정되어 있어서 그 포스터가 아니더라도 축제에 관심이 있는 이라면 이듬해에 참여하는 계획을 잡을 수 있었다. 매년 3월 둘째 주 토요일과 일요일에 진행되니, 주최 측은 "언제 축제를 하냐?" "내년에도 할 거냐?"라는 귀찮은 질문을 받지 않아도 되고, 따로 홍보하지 않고 그저 약속만 지키면 된다. 독일 옥토버페스트도 16일 동안 진행되며, 끝나는 날짜가 10월 첫째 주 일요일이라 역산하면 개회식 날짜를 계산할 수 있다.

사케노진은 15회의 짧은 이력이지만 주조장들이 연대하여 적극적으로 참여하고, 니가타현과 니가타시가 적절히 협력하여 지역 최대의 축제로 성장했다. 그리고 입장객 매출은 사전 예약 2,000엔, 현장 구매 2,500엔의 입장료 수입만으로도 28억 원이 넘으니, 흥행에서도 성공하고 있었다. 술 축제장의 부스에는 주조사거나, 주조장을 운영하는 이들이 참여하여 술을 따르고 설명했다. 더러 국내 술 축제장에 가 보면 유통 회사 사람이나 홍보 전문 인력이 투입되어 시음회를 진행하기도 하는데, 그러면 시음 홍보회의 무게가 상당히 떨어진다. 사케노진에서는 한발 더 나아가, 축제장 안에 장인과의 대화를 나눌 수 있는 부스를 별도로 마련해 두어 장인들과 개별 상담이 가능하게 해 두었다. 회의실에서 사케 세미나도 하고, 또 니가타 청주 달인 검정시험도 프로그램 중 하나로 치르고 있었다. 술 축제장에 가방을 들고 수험 교재를 보면서 바삐 들어가는 이들이 검정시험을 보는 이들이었다. 니가타 청주 달인은 3급, 2급, 1급으로 나뉜다.

술을 맛보니 안주 생각도 났다. 행사장에는 바깥으로 연결된 문들이 있는데, 그 문밖에 안주를 파는 푸드트럭들이 진을 치고 있었다. 알뜰한 일본인들은 가방에 안주를 싸 와서 축제장 곳곳에 마련된 시음대와 푸드트럭 주변에서 술을 마시기도 했다. 구매한 술을 곧바로 택배 발송할 수 있는 코너도 있었다. 행사장의 분위기를 띄우는 이벤트 무대도 있었는데, 무대의 마이크 소리가 행사장을 압도하지는 않았다.

셋째, 축제장에서 일본 사케의 유행과 특성이 보였다. 3월이니 갓 짜낸 신주나 생주를 맛볼 수 있었다. 일본 사케는 겨울에 빚어서 봄에 신주로 팔고, 가을에 숙성 술을 내놓기 때문에 이 무렵에 신주나 생주를 맛볼 수 있다. 한국에 수입되는 일본 청주들은 대체로 살균한 술이다. 살균한 술들이 밋밋하고 덤덤하고 감동적이지 않다고 느끼는 이들이라도, 생주를 맛보면 평가가 달라진다. 생주는 맛이 훨씬 풍부하고 활달하고 바닐라의 향기도 더 강하게 밀려온다. 일본 상품에서 흔히 볼 수 있는 지역 한정판이나 계절 한정판도 행사장에서 보였다. 심지어는 사케노진 축제 한정판까지 나와 있었다. 오늘 이 자리에서만 맛볼 수 있는데, 이 술을 사지 않겠냐고 소비자를 유혹하는 제품들이었다.

나는 좀 더 자극적이고 강렬한 청주의 맛을 느껴보기 위해서 여과하지 않고 살균하지 않고 물을 더하지 않은 '무여과생원주'를 찾아 맛보았다. 생주니까 유통 기간이 짧고, 무여과했으니 대량 생산하기 어렵고, 또 일본 청주의 특징을 날 것으로 가장 잘 담고 있다. 살균한 일본 청주가 다려 놓은 듯 반반한 질감이라면, 무여과생원주는 도톨도톨한 피부의 질감이 느껴지는 약간 떫은 듯 둔탁한 듯 무거운 맛을 지니고 있어 일본 청주의 본성을 이해하기 좋았다.

니가타 사케의 큰 특징은 단맛이나 신맛이 거의 느껴지지 않고, 깔끔하면서도 끈적거리지 않고 담백한 맛을 추구한다는 점이다. 단맛 나는 술을 거의 찾아볼 수 없을 정도로, 그래서 어지간한 미식가가 아니라면 시음을 거듭할수록 양조장들의 차별점을 느끼지 못하게 되고, 그 맛에 무뎌지고 혀가 둔해져서 발길을 돌리게 된다. 역설적이게도 니가타 청주의 이런 특징이 술맛에 까다로운 마니아들을 축제장으로 끌어모으는 동력이기도 했다.

일본 사케는 여덟 개로 분류된 특정 명칭주가 있고, 그 기준에 도달하지 못하면 일반주一般酒로 분류한다. 물론 특정 명칭주가 더 특별하고 비싼 술이다. 일본 사케 시장 전체로 보면, 특정 명칭주의 생산량은 34%인데, 니가타에서는 특정 명칭주의 생산량이 66.8%나 된다. 니가타현이 다른 지역보다 특정 명칭주의 생산량이 많은 것은, 그만큼 니가타 주조장들이 비싸고 차별화된 사케 생산에 더 주력하고 있음을 나타내는 지표다.

니가타 사케 맛이 달지 않고 담백하기에 주조장별로도 차별화를 시도하려는 노력을 많이 하고 있다. '혼술' 문화에 걸맞게 200㎖ 작은 술병이 많고, 젊은이들에게 어필하기 위해서 알코올 도수가 낮은 스파클링 사케나 과일 신맛이 도는 사케도 있고, 아예 여성 전용 사케도 나와 있다. 매실이나 감귤과 결합한 사케, 막걸리처럼 탁한 사케, 무알코올 감주 들도 보였다. 가격도 비싸지 않아 6년을 숙성한 사케 720㎖가 2만 원 정도밖에 하지 않아서 놀랍기도 했다.

넷째, 축제장에서 다양한 디자인과 포장과 서비스를 볼 수 있었다. 주조장 사람들은 유니폼을 입고 술을 따라 준다. 가난했던 시절의 술을 만들었다고 하여 '빈貧' 자를 붙이고 아무 문양도 없이 내놓은 술, 만화로 귀엽게 포장한 술, 문자 없이 단순한 이미지만으로 구성한 구비키 주조의 디자인, 일본 사케를 최초로 캔에 담았다는 기쿠스이 주조의 제품, 『설국』으로 알려진 니가타의 눈 이미지를 살려 흰 병에

가난했던 시절의 술로 소비자에게 어필하고 있는 마루빈 제품

담은 핫카이산 주조의 제품들이 눈에 띄었다. 술맛의 차이는 미세한데, 디자인은 천차만별이다. 어느 쪽을 선택할 것이냐에서 디자인 요소가 크게 다가오는 자리이기도 했다.

다섯째, 축제장에서는 니가타 청주를 무한대로 마실 수 있었다. 이날 시음할 수 있는 술이 500여 종이었으니 주당을 유혹하기에 충분했다. 실제 그 술을 다 받아 마시지도 못했고, 또 10mℓ씩이니 다 마신다고 해서 놀랄 만한 양은 아니지만, 한자리에서 니가타의 청주를 모두 섭렵할 수 있다는 것은 매력적인 요소였다. 나는 니가타의 술 축제를 올 때마다 스무 명 정도와 함께 갔는데, 그 절반은 순수하게 술맛을 즐기기 위한 이들이었고, 나머지 절반은 술의 정보와 아이디어를 얻기 위한 양조인들이었다. 그래서 각기 다른 형태로 술과 전투를

벌이는 곳이 술 축제장이기도 했다.

사케노진 축제에 개선점이 없는 것은 아니다. 많은 사람이 몰리다 보니, 점잖게 주조장 사람들과 대화를 나누면서 술을 맛볼 수가 없었다. 오후로 갈수록 아수라장 속에서 술잔을 내밀며 10㎖씩 얻어 마셔야 해서 좀 초라하고 궁색한 생각이 들기도 한다. 다시 내밀면 또 술을 따라 주지만, 충분히 차분하게 술을 맛보기가 어려웠다. 그래서 이 분위기에 적응하지 못한 사람은 흥미를 잃고 한두 시간 만에 행사장 밖으로 밀려나기도 했다.

이 때문이었는지 주최 측에서는 내년부터 일신하겠다고 안내문을 곳곳에 붙여 두었다. 지금까지는 입장권을 사면 무제한으로 맛볼 수 있었는데, 내년부터는 입장권에 시음 회수권을 붙여서 한 잔 마실 때마다 시음권을 내고 마시게 할 것이라고 했다. 원하는 대로 마시다 보니 술에 취한 사람이 많고 행사장이 너무 붐벼서 제대로 맛을 즐기지 못했던 점을 인정하고 이를 개선하겠다는 것이다. 내년에는 입장권 없이 들어가서 술과 음식을 함께 즐길 수 있는 공간도 따로 만들겠다고 했다. 간략히 정리하면, 이제 무제한 술 마시기가 아니라, 한 잔에 한 장의 회수권을 받겠다는 것이다. 행사장의 혼잡과 과음을 줄이기 위한 것이라니, 주최 측으로서는 행복한 고민이다. 그래도 줄 서기는 각오해야 할 판이다. 하여튼 내년의 변화를 올해 미리 홍보하여 준비하는 것도 인상적이었다.

그런데 내년은 바로 오지 않았다. 코로나로 2020년, 2021년,

2022년 3년이나 축제가 열리지 않은 탓이다. 그리고 드디어 2023년 3월 11일과 12일에 사케노진 행사를 진행한다는 공고가 나왔다. 입장 티켓은 지정석 5,000엔, 비지정석 3,500엔으로 인상되었다. 1일 2회, 회차별 세 시간으로 한정하고, 회차마다 3,000명을 들이기로 했다. 14만 명이 들어갔던 행사인데, 10분의 1로 줄인 것이다. 코로나로 인한 규제가 풀렸으니 사람들은 더 몰릴 터였다. 티켓 발매는 인터넷으로 2월 1일 0시부터 한다고 했다. 우리는 니가타 술 기행을 가기로 하고 여행사를 통해 술 기행 프로그램을 짰다. 코로나의 영향으로 인천과 니가타 공항 직항은 끊어진 상태였다. 도쿄에서 신칸센을 타고 니가타로 들어가야 했다. 그런데 티켓 예약을 호언장담하던 여행사 쪽에서 예약에 실패하고 말았다. 2월 1일 0시에 컴퓨터 앞에 앉아 예약을 시도했는데, 동시 접속이 폭주하여 30분 동안 클릭만 하다가, 매진 완료라는 공지문을 접한 것이다. 우리의 술 기행은 결국 없었던 일이 되었다.

꽃피는 에텍 마을 언덕에서 춤추다

#토카이 와인 #팔링커 #유니콤

헝가리 부다페스트의 대형마트 주류전문매장에 들러 헝가리 술들을 헤아려 보았다. 맥주는 체코와 독일의 제품들이 판을 치고 있었다. 체코 필스너 우르켈이 한국에서는 3,000원 정도 하는데 이곳에서는 800원이었다. 헝가리는 유럽 대륙에서 포도 재배의 북방한계선이라, 일교차가 커서 포도의 당도가 높아 와인이 특성화되어 있다. 와인은 5,000원대부터 값비싼 제품까지 갖추고 있었다.

헝가리 와인 산지는 22개 권역으로 나뉘어 있는데, 가장 이름 높은 곳은 토카이Tokaj 와인 산지다. 헝가리를 대표하는 술은 토카이 와인으로, 당도가 높아 프랑스 보르도의 소테른, 독일의 트로켄베렌아우스레제와 함께 세계 3대 디저트 와인으로 꼽힌다. 토카이 와인은 네 등급으로 나뉘는데, 보르도나 포트와인보다 앞서서 등급제를 도입한 최초의 와인이기도 하다.

포도밭 구릉이 보이는 에텍 마을

겨울이 들어설 때까지 포도를 따지 않으면 껍질에 곰팡이가 피는 귀부병에 걸리게 된다. 이때쯤이면 포도알은 쭈그러들고 즙도 줄어들어 당도가 높아진다. 수확한 포도송이를 소쿠리에 담아 며칠 동안 다시 말리면 포도의 당도가 더 높아지게 되는데 이때 즙을 짜낸다. 그 즙과 일반 포도에서 짜낸 즙을 섞어 토카이 와인을 만들며, 이 과정을 거친 토카이 와인에는 아수Aszu라는 이름을 붙인다.

와인의 등급은 26ℓ 부피의 소쿠리를 뜻하는 푸토뇨시Puttonyos 단위를 사용하는데, 136ℓ의 겐치라는 통에 세 소쿠리를 넣으면 3 푸토뇨시, 4 소쿠리는 4 푸토뇨시, 5 소쿠리는 5 푸토뇨시, 6 소쿠리는

헝가리 대표 와인 토카이와 과실주를 증류한 전통주 팔링커

6 푸토뇨시가 된다. 알기 쉽게 그 숫자를 그대로 연장시켜 3등급에서 6등급까지 토카이를 호명하면, 가격은 숫자가 클수록 비싸진다. 술값은 현지에서 6등급짜리가 1,000포린트(우리 돈 4만 원 안팎)인데, 한국에서 5 푸토뇨시가 18만 원에 거래되고, 6 푸토뇨시는 구하기도 쉽지 않다.

나는 토카이 와인을 함께 맛보기 위해 3~6등급까지 네 종류를 구입하고, 6등급보다 더 높은 토카이도 한 병 구해서 모두 다섯 종류의 토카이를 맛보았다. 일반적으로 아이스 와인은 징그럽게 달거나, 콕 찌르듯이 달다. 그래서 금세 질려서 디저트 와인으로 한 잔 정도를 비우는 게 최선이다. 그런데 토카이 와인은 단맛의 새로운 경지를 보여 줬다. 단맛의 부드러움이 현악기의 울림처럼 부드러웠다. 단맛이 너무 강하면 다른 맛을 가리고, 뒷맛은 끈적하게 남아 불쾌감을 줄 수도 있는데, 토카이의 단맛은 달랐다. 토카이 와인은 도나우강 강물처럼 속도감 있게 입안에서 흘렀지만, 단맛의 처음과 끝이 넘치지도 부족하지도 않았다. 그 단맛이 강하면서도 부드러운 게, 달콤한 찹쌀술 해남진양주나 경주교동법주를 닮아 있기도 했다.

두 번째는 헝가리의 전통주인 팔링커라는 과일 증류주를 맛보았다. 도나우강 강가의 발라 행사장에서 한국 증류주를 맛보던 젊은 여성이, 자신의 아버지가 집에서 팔링커를 만든다고 해서 그 존재를 알게 되었다. 헝가리는 농토가 넓은 농업 국가라 과실주가 많다. 팔링커는 포도나 사과, 배, 살구 등 과실로 담근 술을 발효시켜 증류해서 알코올 함량이 평균 40% 정도고, 높게는 알코올 70%짜리도 있다. 유럽연합에서 2004년 팔링커의 기준을 잡을 때 "헝가리산 과일로 술을 만들어, 헝가리에서 숙성·증류·병입한 경우"라고 규정해 헝가리 특산품으로 정의했다.

헝가리 사람들은 술에 관대하다고 한다. 아침에 밭에 가면서 커피를 마실 거냐, 팔링커를 마실 거냐 물을 정도란다. 결혼 피로연은 일반적으로 2박 3일이고, 가난한 집은 1박 2일로 한다. 피로연 하는 호텔에 위스키를 박스로 가져다 놓고 마신다. 와인 소비량이 국내 와인 생산량을 넘기 때문에 헝가리인들은 와인 수출에 주력하지 않고, 그래서 헝가리 와인이 세계적으로 덜 유명하다고 한다. 그렇지만 헝가리 외교 공관에서는 헝가리 와인을 건배주로 사용토록 하고 있다. 전통주 팔링커가 독한 술이어서, 헝가리 사람들은 독한 술에 익숙한 편이라고. 나는 한국 술 시음 행사장에서 안동소주 45도를 아무렇지도 않게 마시는 헝가리인들을 보면서 위스키를 많이 마셨나 했는데 팔링커에 단련된 게 분명했다.

세 번째로 눈여겨본 헝가리 술은 건강 기능성이 있는 유니콤이었다. 세계 어디를 가든 건강을 생각하는 음식이나 약재나 술이 존재한다. 독일에는 56가지 약재를 넣은 예거마이스터라는 증류주가 있고, 헝가리에는 유니콤이라는 흑빛 약재 술이 있다. 헝가리 술 매장의 광고물에도 과학자가 증류 장비가 있는 실험실에서 생명의 물약이라도 만드는 듯, 진지한 표정을 짓고 있다. 술병에는 약병을 연상시키는 붉은 십자가가 그려져 있었다.

유니콤에 탄산수를 섞어 마시면 영락없는 활명수였다. 처음 맛볼 때는 약 같아서 싫었는데, 일주일 정도 헝가리의 고기와 치즈와 빵에 입맛을 들였더니 나도 모르게 유니콤을 찾아서 들이켜게 되었다. 그랬더니 더부룩한 속이 진정되었다. 그래서 헝가리 사람들도 유니콤을 마시는 걸까? 헝가리에는 우리의 육개장을 연상시키는 전통 음식 굴라시가 있지만, 찌개나 국과 같은 음식을 접하기 어려워서 속이 빠삭빠삭했는데 유니콤이 위안이 되었다. 먹다 남은 유니콤 한 병은 비상약처럼 한국까지 나를 따라왔다. 유니콤은 무병장수하기를 바라는 헝가리 사람들의 약술인 셈이다.

나는 토카이 지방을 여행하고 싶었지만 단념해야 했다. 토카이 와인은 11월 중순쯤 포도를 수확하여 술을 빚기에, 4월에 가면 특별히 볼 게 없지 않을까 싶기도 하고, 부다페스트에서 동북쪽으로 230km 나 떨어져 있어서 1박 2일은 잡아야 했기 때문이다. 어디를 가 볼까

망설이던 차에, 김재환 헝가리 문화원장이 부다페스트에서 멀지 않은 곳에 와인 마을 에텍Etyek이 있고, 그곳에서 와인 축제가 열린다고 알려 주었다. 어떻게 찾아갈까 고민했는데, 마침 일요일이라 문화원장은 흔쾌히 운전대를 잡고 우리를 안내했다.

에텍은 부다페스트에서 서쪽으로 30km 떨어져 있다. 금·토·일 3일 동안 봄 축제가 열리고 있었다. 오후 5시쯤 에텍 마을에 도착하여 마을 입구의 천막에서 와인 잔 하나씩을 사 들고 마을 길로 들어섰다. 가설무대나 화려한 천막도 없이 소박하게 마을 축제를 하고 있었다.

와인 마을 입구 풀밭에는 아이들을 위한 간이 놀이시설이 자리했다. 나무판자로 만든 물고기 낚시하기, 퍼즐 맞추기, 시소 타기, 조

에텍 마을에서 장난감을 파는 장수

랑말 타기 체험도 있었다. 마을의 작은 와인 축제이지만, 와인 말고도 재미난 놀이 요소를 갖춰 두었다. 장터를 떠돌아다닐 듯한 인형 장수 아저씨도 축제장 분위기와 잘 어울렸다.

마을 길은 낮은 언덕 중간쯤에 완만하게 뻗어 있었다. 비가 오면 질척거리지 않게 배수가 잘되도록 자갈이 깔려 있었다. 길을 따라 양옆으로 듬성듬성 낡고 오래된 건물들이 있었는데 살림집이라기보다는 와인 저장고나 작업 창고들로 보였다. 건물 뒤편으로 구릉지를 따라 포도밭이 넓게 펼쳐졌다. 이 마을에 살려면 포도와 관련된 일을 하지 않으면 안 되겠다 싶을 정도로 주변이 온통 포도밭이었다. 포도나무는 아직 싹이 나지 않아서 지주대 기둥만이 앙상하게 있었다. 마을 사람들은 길가에 탁자를 내놓고 와인 시음을 권하기도 하고, 책을 보며 무심하게 와인을 팔기도 했다.

에텍 와인 창고들은 소박했다. 어느 와인 창고 외벽에는 마른 포도나무 줄기가 하나 걸려 있었다. 그게 와인 창고 장식의 전부였다. 축제를 위한 준비는 포도밭과 와인 창고 주변에 핀 봄꽃들만으로도 충분했다. 보통 와인 축제라면 포도가 영그는 수확기이지만, 술 빚기에 바쁜 가을보다는 홀가분한 봄날이 훨씬 좋다는 생각이 들었다. 물론 에텍 마을은 가을에도 와인 축제를 하고 있었다.

우리는 마을 레스토랑의 야외 테이블에 앉아 와인을 마셨다. 여행자로 찾아오니 쫓길 것도 없고, 바쁠 것도 없었다. 바람처럼 잠시 머물다 가면 된다. 어디선가 바람결에 춤곡이 들리고, 박수 소리가 들렸다. 전통 복장을 한 젊은 남녀들이 짝을 지어 춤을 추었다. 춤은 자

▲ 전통 복장을 입은 마을 청년들이 춤을 춘다.
▼ 와인 창고 뒤로 포도나무가 구릉을 타고 오른다.

에텍 마을의 화이트 와인이 인기가 좋다.

신의 몸을 스스로 충전시킬 수 있는 좋은 수단이다. 노래는 잘하는 사람과 못하는 사람이 있지만, 춤은 열심히 하는 사람과 열심히 하지 않는 사람만 있을 뿐이다. 열심히 추는 마을 청년들의 춤은 신나고 흥겨웠다. 관광객들을 위한 행사였지만, 그냥 마을 청년들의 놀이 같았다.

하얀 배꽃나무 그늘 아래서 발장단을 맞추며 팔을 벌리고 손을 잡고 치맛자락을 펄럭이며 빙그르르 도는 춤사위를 보고 있으니, 마치 동화 속으로 들어온 것 같았다. 몇 분의 순간이 흘렀지만, 아득하고 길게 느껴지는 시간이었다. 연주 음악은 어린 시절 봄날에 들었던 가락을 닮아 있었다. 초등학교 5학년 곱슬머리 단정한 음악 선생님이 가르쳐 주었던 노래였을까, 목련꽃 그늘에서 울려 퍼지던 노랫소리가 내 귓가에 맴돌았다. "목련꽃 그늘 아래서 긴 사연의 편질 쓰노라, 클로버 피는 언덕에서 휘파람 부노라, 아 아 멀리 떠나와 깊은 산골 나무 아래서 별을 보노라"로 이어지는 노래다. 평화롭고 따뜻한, 포근하고 아련한 순간이 이어졌다. 번안곡의 가사쯤으로 알았는데, 박목월의 시라는 것은 한참 뒤에야 알았다.

에텍 마을은 화이트 와인이 유명하다. 에텍의 화이트 와인을 마시면서 떫고 농밀한 레드 와인보다는 달콤하고 상쾌한 화이트 와인의 맛이 낯선 여행자에게 더 어울린다는 생각을 했다. 화이트 와인은 웃으며 한 잔 즐기기에 좋은 떠돌이의 정서를 지녔다면, 레드 와인은 오래 그곳에 머물러야 할 것 같은 강렬한 토박이 정서를 지녔다. 달콤한 화이트 와인을 마시며 비탈진 포도밭 너머 피어나는 흰 구름을 보니, 내가 멀리 떠나와 있다는 게 실감 났다. 나는 어디로 가고 있는가. 내 곁을 영원히 따라오는 것은 무엇인가? 아프지 않고 낡지 않고 머물지 않고 흘러가는 길은 없을까? 그런데 지금의 이 편안함은 어디서 오는 것일까? 낯선 땅에서 홀로 느끼는 편안함이 두려워지기 시작했다.

3장

숲을 따라 흘러가다

황금빛 라거의 고향을 찾아가다

#카를로비바리 #플젠 #필스너 우르켈

맥주는 황금빛으로 빛나는 시원하고 상쾌한 알코올음료로 알려져 있다. 하지만 맥주가 처음부터 그랬던 것은 아니다. 정확히 그 시원을 따진다면, 체코에서 만들어진 필스너 우르켈에서부터 황금빛 라거 맥주 이야기가 시작된다.

맥주는 크게 효모가 술덧의 아래에서 활동하는 라거 맥주와 효모가 술덧의 윗면에서 활동하는 에일 맥주로 나뉜다. 라거 맥주는 저온에서 발효되고 깔끔한 맥주의 대명사로 자리 잡았고, 그보다 앞선 시대를 이끌었던 농밀하고 묵직하고 탁한 에일 맥주는 전통 맥주의 영역으로 밀려났다. 대자본이 주도하여 만든 대부분의 맥주는 라거 맥주인데, 가볍게 마실 수 있고 오래 유통할 수 있어서 대자본에 실려 대량 생산과 대량 소비 구조를 구축했다.

한국 맥주도 황금빛 라거 맥주의 단조로운 흐름 속에 놓여 있었다. 한국 맥주의 지형도가 다양해진 것은 2002년 하우스 맥주가 등장하면서부터고, 본격적으로는 2013년 크래프트 맥주의 붐이 일면서부터다. 크래프트 맥주의 뿌리는 라거 맥주보다는 에일 맥주에 뻗어 있어서 IPA를 필두로 다양한 전통 맥주들이 소환되고 맥아 원료나 홉을 달리하는 창의적인 맥주들이 한국 사회에 등장하게 되었다. 이 와중에 덩달아 세계 맥주, 유럽 맥주들의 소비도 늘어났는데, 세계 맥주 가운데 존재감을 더욱 키운 브랜드가 필스너 우르켈이다. 편의점에서 네 캔에 1만 원 하는 전략 상품 중에도 초록색의 필스너 우르켈이 한 자리를 차지하고 있는 것을 쉽게 볼 수 있다.

대량 생산, 대량 유통, 캔맥주, 세계 마케팅으로 연결된 맥주 세계에서 원조라는 이름을 달고 돌아다니는 술이 필스너 우르켈이다. 필스너는 필제너라고도 부르는데, 필제너는 '필젠(체코어로 플젠Plzeň, 독일어로 필젠Pilsen)에서 만들어진 물건'을 뜻한다. 필젠은 체코의 도시 이름이다. 우르켈은 체코어로 '원조'를 뜻한다.

우리는 독일 맥주 기행을 가던 차에 프랑크푸르트 공항에 내려 밤베르크에서 훈제 맥주를 맛보고, 뮌헨으로 내려가던 길에 잠깐 옆으로 빠져나와 체코를 방문하게 되었다. 독일만 돌아보기에는 아쉬움이 있어, 황금빛 라거 맥주의 원조 필스너 우르켈의 제조장을 찾아갔다.

체코를 1박 2일로 방문하는 일정을 짰는데, 유명한 관광지 하나로 보헤미아 지방의 아름다운 온천 휴양지를 들르게 되었다. 순전히

◀ 술을 좋아하는 군인,
체코의 국민 아재 슈베이크
▼ 쇼팽, 베토벤, 괴테가
요양차 머물렀다는
온천 마을 카를로비바리

필스너 우르켈을 가던 길에 끼워 넣은 여행지였는데, 그곳이 너무 아름다웠다. 쇼팽과 베토벤 그리고 괴테가 요양차 머물렀다는 서양화풍의 마을, 카를로비바리에 들어가게 되었다. 여행 욕심에 누구도 그곳에 시간이 할애된 것을 문제 삼지 않았다. 마을 중심을 흐르는 하천 양옆으로 궁전들을 모아 놓은 듯한 석조건물들이 촘촘하게 들어차 있었다. 카를로비바리에서 코가 빨갛고 볼까지 빨간 체코의 국민 캐릭터 슈베이크Švejk를 만났다. 슈베이크는 해외에 가장 많이 번역된 체코 소설의 주인공이다. 1차 세계대전을 풍자하는 소설 속 주인공으로 등장하여, 영화, 오페라, 연극, 뮤지컬, 만화의 캐릭터로 활약한 술 좀 마실 줄 아는 군인 아재다. 우리는 회색 군복을 입고 군모를 쓴 슈베이크 조형물과 함께 기념사진을 찍으면서 시간 가는 줄 몰랐다.

카를로비바리에서 남쪽으로 자동차로 한 시간쯤 달려, 우리의 목적지 체코 플젠에 들어섰을 때는 오후 5시가 가까운 때였다.

플젠은 체코에서 다섯 번째로 큰 도시다. 체코는 기계 산업이 발달한 나라로 한국의 현대자동차 공장이 들어와 있기도 하다. 플젠 시내에 들어와 긴 공장 담장들을 보니 중공업이 발달한 고장의 체취가 느껴졌다. 양조장도 그 공장들 속에 하나로 자리 잡고 있었다. 양조장 앞에 도착하니, 두 개의 아치로 구성된 개선문 모양의 정문이 보였다. 승전을 기념하는 웅장한 개선문에 비할 바는 아니었지만, 그래도 한 양조장의 정문을 지키기에는 충분한 위엄을 갖추고 있었다. 정문의 정면에는 1842~1892년이라고 연도가 금박으로 새겨져 있었다. 회사 창립 50주년 되던 1892년에 세웠다는 표시다. 이 성문을 세운 것도 130년이 지났으니 대단했다.

그런데 우리가 도착한 시간이 오후 5시가 다 되어서였다는 사실을, 필스너 우르켈 맥주 박물관에 들어섰을 때야 깨달았다.

정문 안으로 들어서자 높다란 양조장 굴뚝이 보이고, 조금 더 들어가니 오른편으로 상품 판매장이 있고, 왼편으로 견학장 입구가 있었다. 견학장에서 예약을 확인하는데, 우리의 예약이 제조장이 아닌, 박물관으로 되어 있었다. 박물관과 양조장 견학을 따로따로 예약받는데, 문제는 두 곳 모두 6시에 문을 닫는다. 볕 좋은 가을날 오후, 필스너 양조장 마당을 들어섰을 때까지는 참 여유롭고 좋았는데, 급작스럽게 마음이 급해졌다.

여행사를 통해서 예약 사실을 다시 확인하고, 가이드를 통해 박물관에서 양조장으로 예약을 변경하느라 30분이 흘렀다. 일반 관광객들은 양조장 내부보다는 박물관을 보고 시음장으로 곧바로 이동하는 게 관행이라, 여행사에서 그렇게 예약한 것이다. 우리는 박물관보다 제조장을 보고 싶다고 거듭 요청했다. 그사이 몇몇 동작 빠른 이들은 기념품 판매장을 찾아가 유니폼이며 모자며 맥주잔을 사고, 지하의 맥주 바에 가서 맥주까지 맛보고 왔다.

양조장 마당을 지나 철망 출입문을 열고 높은 굴뚝이 있는 양조장 건물로 들어서고서, 우리는 안도할 수 있었다. 견학장을 오르내리는 승강기는 버스 한 대가 들어갈 수 있을 만큼 넓었다. 견학로에 들어서니 맥주의 원료인 보리 영상이 물결치고, 플젠의 부드러운 연수를 설명하는 지층 단면도가 나오고, 필스너 우르켈의 깔끔한 쓴맛을 유도하는 사츠Saaz 홉이 나고 자라고 꽃 피우는 영상이 소개되었다.

필스너는 황금빛 라거 맥주의 효시로 그 탄생의 순간이 분명하게 기록되어 있다. 1842년 10월 5일에 빚었고, 11월 11일 성 마르티노 축일에 첫선을 보였다. 이 맥주는 뮌헨 지방에서 양조 기술자의 아들로 태어나, 성격은 괴팍하고 막돼먹었지만 맥주 맛의 개선에 심혈을 기울였던 요세프 그롤에 의해서 만들어졌다. 박물관에 필스너를 만들었던 장인들의 사진이 걸려 있는데, 그 맨 앞자리에 요세프 그롤이 있었다.

플젠의 필스너는 독일로 돌아가 필스라는 이름으로 재구성되었다. 필스너는 황금빛에 가볍고 산뜻하고 탄산과 거품이 풍부한 맥주의 상징이 되었는데, 19세기 후반 유리 산업이 번성하면서 투명한 맥주잔과 만나 그 진가를 더 발휘하게 되었다. 필스너 스타일의 맥주는 대량 생산하는 맥주 산업의 탄두가 되어 황금빛 라거 맥주의 세계화를 이끌게 된다. 우리 또한 그 영향권 아래 있다.

맥주 발효통이 있는 방을 지나 구리로 만든 당화 솥이 있는 방으로 안내되었다. 실제 돌아가는 것인지, 견학을 위해서 전시해 놓은 것인지 그 경계를 알 수 없을 만치 깨끗하고 거대한 당화 솥들이 있었다. 한 개의 당화 솥은 내부를 잘 볼 수 있도록 투명판을 붙여 두었다. 다시 다른 방으로 이동하여 실제 맥주를 빚고 있는 구리 당화 솥과 이를 작동시키는 양조사들을 볼 수 있었다. 그들은 자동 제어 장비를 통해서 맥주가 순조롭게 제조되고 있는지 점검하고 있었다. 깔끔하게 정돈된 컴퓨터 제어실에서 일하는 양조사들의 모습은 단정하기가 호텔리어들처럼 보였다. 그들이 일하는 양조 공간은 한가로웠고 깔끔했고 웅장했다.

마당을 나와 필스너 우르켈의 초창기 맥주 제조 공간으로 이동했다. 지하로 완만하게 들어서는데, 영락없이 지하 광산의 갱도였다. 지하 암반층을 파고 있는 작업자의 인형도 있고, 낙석을 방지하는 천장 갱목들도 그대로 노출되어 있었다. 저온 발효를 하기 위해서 지하의 서늘한 공간을 찾아 들어간 제조 공간이었다. 갱도의 바닥에 깔린 돌들은 숱한 작업자들의 발길에 닳고 닳아 매끈하게 빛났다. 지하 통로 깊숙이 들어서자 양쪽으로 발효실이 있는데, 그중 한곳으로 들어서니 큰 나무 발효통들이 나란히 세워져 있었다. 물기가 흐르는 서늘한 지하 통로 안의 거대한 나무통 안에서 맥주가 거품 가득 발효되고 있었다. 철과 스테인리스 통으로 넘어오기 전에는 나무통을 사용했는데, 그 통을 여전히 사용하고 있는 지하 발효실이었다. 옛 모습을 수고롭게 지켜 온 것도 대단하지만, 이를 관광객들에게 보여 주는 것도 대단했다. 안내원이 직접 나무통의 술 꼭지에서 맥주를 따라 주었다. 150년 전에 맥주가 빚어졌던 곳, 그곳에서 여전히 발효되고 있는 맥주를 한 잔 받아들었다. 황금색이 도는 차가운 맥주를 입안에 가득 채우고 목 안으로 넘겼다. 이 순간의 필스너 맛이란, 부드러우면서도 날카로웠고, 경쾌하면서도 가볍지 않고, 향기로우면서도 무겁지 않은 균형을 유지하고 있었다. 지하 천장 높은 곳에서 떨어지는 물방울을

필스너 우르켈의 제조장

맞으면서 갱도 발효통 속의 맥주 맛을 한 모금 더, 한 모금 더, 혀에 새기면서 음미했다. 맥아와 홉 맛이 가늘고 질긴 끈으로 팽팽하게 맞서고 있었다.

필스너 맥주 맛은 날카로웠지만 자극적이진 않았다. 맑은 라거 맥주라지만, 사츠 홉의 풍부한 향과 날렵한 쓴맛이 뒷맛을 든든하게 받치고 있었다. 필스너 우르켈은 필젠의 부드러운 물 연수로 독특한 맛을 냈다는 평가를 받아 왔다. 이 맥주가 세계 맥주 시장을 이끌고, 지구를 반 바퀴 돌아 한국 맥주의 이미지로 이어지게 될 줄을 누가 알았겠는가.

⌃ 필스너 제조장 견학로에서 본 구리 당화 솥
⌄ 필스너 초창기에 조성된, 지하로 파고들어 간 발효실

필스너 우르켈은 21세기에 사는 우리에게 19세기의 필스너 초창기 모습을 보여 주고 있다는 점에서 감동적이었다.

우르켈은 필스너 스타일을 따라 한 양조장들이 많이 생겨나면서 차별화를 위해 필스너에 붙인 수식어다. 그런데 그냥 문서로만 남은 게 아니라, 원조였던 시절의 모습을 보여 주고 있으니 원조라고 할 수밖에. 맥주를 통해서 지나온 세월을 보여 주고 보헤미안의 자부심을 보여 주고 있으니 필스너 우르켈 양조장은 매력적이다.

우리에게는 지난 삶을 보여 줄 수 있는 양조장이 있는가? 이 질문에 답할 양조장을 찾기란 쉽지 않다. 조선 시대엔 금주령이 있어 양조 산업이 발전하지 않았다. 개항기 이후에 양조업이 움텄지만, 지금 남은 오래된 양조장 건물들은 1930년 전후로 지어졌다. 한국 양조장들은 일제강점기와 전쟁기와 군사독재 시절을 거치면서 정치권력의 채찍을 많이 맞다 보니 문화적 자부심을 품고 성장한 경우가 드물다.

필스너 우르켈 견학장은 맥주의 지난 역사를 한눈에 볼 수 있도록 구성해 놓아 경이로웠다. 알코올 4.4도의 필스너 맥주, 보리와 홉과 물이 들어간 황금빛 라거 맥주를 가지고, 체코 보헤미아인들은 인류 문명사의 한 페이지를 채워 두었다.

혁명가가 되어라,
국주를 만들고 싶거든

#마오타이주 #주중주 #병안고진

우리는 중국 술을 두고 배갈, 고량주, 바이주 등 다양한 이름으로 부른다. 하지만 중국 증류주의 공식 대명사는 바이주다. 바이주는 백주白酒의 중국식 발음이고, 바이주의 다른 이름이 배갈인데 이는 허베이성 헝수이衡水의 양조장에서 만들어지는 특정 브랜드인 바이간白干에서 유래했다. 고량주는 수수의 다른 이름이 고량이라 부른 이름이다. 바이주이자, 고량주로서 중국 대표 술을 꼽으라면 단연 마오타이주다. 마오타이주는 중국에서 국주國酒라는 명칭을 거의 독점적으로 사용하고 있다. 특히 마오타이주는 중화인민공화국의 출범에 기여한 개국공신의 자취를 담고 있어서 감히 다른 양조장의 술들이 얕잡아 보거나, 무시할 수 없는 권위를 지니고 있다.

그 마오타이주를 맛보기 위해서 중국 구이저우성을 찾아갔다. 마오타이주가 생산되는 곳은 중국의 서쪽인 구이저우성 런화이仁怀

마오타이진茅台鎮이다. 서쪽 변방의 작은 마을이 마오타이진이다. 한국을 여행하는 중국인이 늘어나서 구이저우성에서 인천공항까지 간간이 전세 비행기가 뜨기도 하지만, 한국에서 구이저우성을 가려면 직항 노선이 없어 비행기를 한 번 갈아타야 한다. 나는 광저우 공항을 거쳐 구이저우 공항으로 들어갔다.

구이저우 공항에 내려 우리가 먼저 찾아간 곳은 적수하赤水河 강변의 병안고진丙安古鎮이라는 마을이었다. 마오타이를 이야기할 때, 적수하 강물 이야기가 나온다. 적수하 강물이 좋아서 마오타이 술이 좋다는 말도 하는데, 그것은 별로 신빙성 없는 이야기다. 증류주는 끓여서 만들기 때문에 물의 비중이 그리 크지 않다. 게다가 주변의 붉은 흙이 뒤섞여 흘러 붉은색이 돌아 적수하라 부른다. 그대로 먹을 수도 없고, 물이 좋지도 않다.

그런데 적수하 강물을 따라 올라가니, 강변의 웅장한 절벽에 미주하美酒河, '아름다운 술이 있는 강물'이라는 글자를 새겨 두었다. 한 글자의 크기가 40m나 된다. 이 강물은 운남에서 시작하여 구이저우를 거쳐 사천으로 이어지는 500km를 흘러 장강으로 이어진다. 이 강가에서 중국 술의 대표 브랜드들, 마오타이茅台, 동주董酒, 시주习酒, 랑주郎酒, 탄주潭酒, 화이주怀酒 등이 생산된다는 말을 듣고서야 미주하라는 말이 이해가 되었다.

미주하를 따라 내려오니, 병안고진이 있다. 명나라와 청나라 시대에 소금 배가 드나들며 큰 장이 서서 번성했던 마을이다. 집들이 강변으로 성곽처럼 높게 쌓여 있어서 방어력이 좋은 요새의 기능도 한

적수하 절벽에 새긴 미주하(美酒河). 한 글자의 크기가 40m다.

홍군기념관이 있는 적수하 강변의 병안고진

다. 병안고진은 대장정 시절의 작전기지이기도 했다. 1930년대 국민당에 쫓기던 대장정 지도부가 구이저우성의 준이遵义에서 열린 회의에서 교체되는데 그때 마오쩌둥이 리더로 떠오른다. 그리고 홍군이 적수하를 네 번 건너는 일진일퇴를 하면서 승기를 잡았다고 한다. 당시의 일을 기념하기 위해서 병안고진 마을 안에는 홍군기념관이 있다. 홍군들이 대장정을 기억하면서, 그때 맛보았던 마오타이를 잊지 못해 훗날 마오타이가 국주의 반열에 오르게 되었다. 그리고 마오타이와 마오쩌둥은 마오로 통하면서, 서로를 연상시키는 관계가 되었다.

적수하를 따라 내려가면 마오타이진이 나온다. 마오타이진에서 가까운 큰 도시인 런화이시에 숙소를 잡았다. 그곳은 마오타이진에 기반을 둔 술 회사들이 돈을 벌어 판매장을 두고, 호텔도 짓고 아파트 단지 투자도 하는 곳이다. 마오타이진은 술 제조장이 밀집해 있고 런화이시는 인구 밀도가 높은 번화한 도시다. 런화이시 호텔 입구에는 주중주酒中酒라는 회사의 간판이 크게 걸려 있었고, 방마다 주중주의 술이 놓여 있었다. 물론 가격표와 함께.

런화이시에서 15분 정도 자동차를 타고 가니 마오타이진이 나왔다. 마오타이진에 들어서자 우리를 맞이한 것은 진한 장향 냄새와 먼지바람이었다. 도시를 재정비하는 것인지, 이제 개발이 시작된 것인지 공사장 먼지가 날려 길가 건물들이 온통 흙빛이었다. 평지를 찾아보기 어렵고, 가파르고 비탈진 길들이 이어졌다. 중국의 많은 도시가 개발 바람이 불어 한창 변화를 겪고 있는데, 마오타이진도 그렇다고 관광 안내인이 덤덤하게 말했다.

마오타이진 마을 안에는 개선문을 닮은 큰 문이 있었다. 마오타이 그룹의 문이라지만, 문의 경계가 불분명했고, 그저 마을 한복판에 세워진 상징물처럼 보였다. 문 바깥으로 술 판매장들이 끝없이 이어져 있고, 문 안쪽으로는 비탈진 길을 따라 화물차와 일반 차량이 검문도 받지 않고 드나들고 있었다. 문 안쪽에 마오타이 그룹이 있는데, 직원이 2만 명이라고 했다. 나는 마오타이 회사 직원의 수에 놀라기도 했지만, 마오타이 그룹 외 바이주 제조장이 마오타이진에 800여 개가 있다는 말에 더 놀랐다.

그리고 혼란스러웠다. 마오타이주가 마오타이진에서 만들어지기 때문에 얻은 이름이라면, 마오타이진에서 만들어진 800여 개의 술은 모두 마오타이주란 말인가? 마오타이주에 가짜가 많다는데 이런 분위기에서 나온 말일까? 현지 안내인에게 물어보니 시원한 답변을 들을 수 있었다. 마오타이주라는 명칭은 마오타이 그룹에서만 쓰고, 마오타이진에 있는 다른 회사들은 그 명칭을 쓰지 않고 제각기 다른 이름을 갖고 있다고 했다. 또 가짜라는 술들은 마오타이진 외에 다른 지역에서 비슷하게 만들어 파는 일이 벌어지다 보니 생긴 것이라고 했다.

그런데 현지 안내인은 요즈음 마오타이 그룹의 매출도 줄고 마오타이진 경제도 좋지 못하다고 말했다. 시진핑 국가 주석이 공직자들을 대상으로 부패 척결을 외친 바람에 국주인 마오타이주의 매출이 줄었다지만, 마오타이주는 2001년 주식 시장에 상장된 이후 주식 시가 총액이 상승하여 2022년 3월 기준 400조가 넘은 중국 제1의 주류 회사다.

마오타이진의 큰길 양쪽에는 주류 판매장들이 줄지어 있었다. 누가 와서 저 판매장의 술을 다 사갈까? 유지는 될까? 걱정스러울 정도로 많은 판매장이 늘어서 있는데, 중국 전체를 상대하고 세계 시장을 상대한다고 하니 그 규모가 이해가 됐다. 판매장에서는 병에 든 완제품을 팔기도 하지만, 항아리에 담긴 술을 1근 단위로 팔기도 했다.

마오타이진에서 처음 찾아간 주창*은 주중주라는 회사였다. 내가 머문 호텔을 소유한 주창이었다. 주창의 규모는 어마어마해서 산

---

* 酒廠. 중국에서 양조장을 부르는 말.

마오타이진에 있는 마오타이 그룹의 상징 문

하나를 통째로 점유하고 서 있었다. 산비탈에 회색 건물들이 아파트처럼 늘어서 있는데, 그곳이 모두 술을 제조하거나 저장하는 공간이었다.

양조장 입구에는 장주문화기념관醬酒文化紀念館이라고 쓰인 높은 문이 있었다. 장주醬酒, 장과 술의 만남이다. 장도 만들고 술도 만든다는 이야기는 아니다. 장향형, 좀 더 분명하게는 간장 향이 도는 술에 대한 기념관이다.

바이주는 크게 향기에 따라 장향형醬香型, 농향형濃香型, 청향형淸香型, 미향형米香型, 겸향형兼香型, 봉황형鳳香型이 있다. 마오타이주와 마오타이진의 술은 장향형이다. 간장 향이 나는 술을 즐기다니 중국 사람들은 알다가도 모르겠다. 기름에 지지고 튀긴 음식이 많아 그 느끼함을 잡으려고 장향이 도는 음식과 술이 친해진 것일까? 장향형의 술을 빚는 지역은 중국에서도 남쪽이고 장향이 나는 황주도 남쪽인데, 덥고 땀이 많이 나서 맵고 염분이 있는 짠 음식을 즐겨 그 습성이 장향형의 술로 이어져 있다고도 한다.

양조장 마당에는 죽림칠현竹林七賢의 조형물이 있고, 그 밑에 상품인생上品人生이라고 적혀 있었다. 죽림칠현은 3세기경 위나라 말기에 뒤틀어진 정치권력을 피해 자연 속에 숨어 살면서 노장사상에 심취했던 이들이다.

죽림칠현의 조형물은 그들의 성격에 맞춰 형상화되어 있었다. '주덕송酒德頌'을 짓고 항상 한 단지의 술을 들고 괭이를 멘 머슴을 데리고 다니며 "내가 죽거든 그 자리에 묻어 달라"라고 했던 유영劉伶은 웃통을 벗어젖히고 술잔을 들고 있다. "탁주 한 잔 탄금彈琴 한 곡 내 소원은 이것뿐이라"라고 했던 혜강嵇康은 거문고를 타고 있다. 악기를 잘 타서 악기 이름이 되어 버린 완함阮咸, 도도하게 수염을 쓰다듬고 있는 죽림칠현의 리더 완적阮籍, 뒷짐을 지고 있는 왕융王戎, 피리를 들고 있는 향수向秀, 환속하여 정계의 요직을 두루 거친 산도山濤가 있다. 그들의 삶을 최고로 멋진 '상품인생'이라 평했으니, 술도가가 우군으로 삼을 만한 현자들이다.

첫 번째로 들어간 건물은 술을 시음하는 품주실品酒室이었다. 한쪽 벽에는 제조 공정도가 그려져 있고, 중앙 벽에는 다양한 술들이 전시되어 있다. 붉은 술병, 붉은 상표가 붙은 흰 도자기 술병, 황금색 포장 상자에 담긴 황토로 구운 술병 등이 진열되어 있다. 붉은색을 좋아하는 중국인들의 기분에 한껏 기댄 제품들이다. 황토로 구운 병에 든 술은 '고진노주古鎭老酒', 오래된 마을의 오래된 술로 30년 숙성한 바이주다.

두 번째로 들어간 건물 안은 공사가 한창인 건설 현장을 방불케 했다. 여기서는 술을 빚는다는 말이 무색하고, 술을 축조한다고 표현해야 맞겠다. 중국 술은 고체 발효다. 물을 사용하지 않고 술을 빚는다. 술은 액체인데 어디서 수분이 나와서 술이 될까 의문스러웠다. 술 빚는 공정을 한참 살펴보고서야 이해할 수 있었다. 원료인 수수를 큰 솥에 넣고 쪘다. 수분은 수수를 찌면서 머금은 정도가 전부였다. 찐 수수에 당화 효소를 섞어서 큰 구덩이에 몰아넣었다. 삽과 빗자루로 재료를 쓸어 모으고, 뒤집고 하는 모습이 영락없는 건설 현장이었다. 교窖라고 부르는 구덩이의 깊이는 4~5m는 되어 사다리를 타고 내려가야 했다. 당화 효소와 함께 수수를 구덩이에 밀어 넣고 윗부분은 진흙으로 덮었다. 발효가 진행되면서 속에서 열기가 발생하고 수수가 팽창하여, 진흙으로 봉한 윗부분이 봉분처럼 둥글게 부풀어 오른다. 근 한 달가량 발효시킨 뒤에 윗부분의 진흙을 거둬 내고, 큰 증류 솥에 발효된 수수를 붓고 불을 지피면 증기의 형태로 알코올이 분리되어 냉각관을 타고 나와 투명한 바이주가 된다.

웃통을 벗은 청년들이 삽을 들거나 빗자루를 들고 발효되는 술 더미 속을 맨발로 바삐 다니며 작업한다. 바구니에 담긴 누룩을 바닥에 뿌릴 때는 누룩 분진으로 자욱하다. 잘 섞인 원료는 바로 옆의 거대한 지하 움집에 담는다. 움집은 사다리를 타고 내려가야 할 정도로

증류를 하기 위해
술덧을 담은 증류 솥

깊다. 들어가는 양이 많다 보니, 이동 크레인이 퍼 담는다. 벽돌 마감이 되어 있는 움집이 40여 개가 되어 보이는데, 빈 곳도 있고 이제 갓 채워 진흙으로 촉촉하게 덮인 곳도 있고 발효가 한창 되어 겉이 마르고 희고 붉은 곰팡이가 핀 곳도 있다. 작업장의 가장 안쪽에는 증류 솥이 있어서, 바이주를 만들어 낸다.

양조장의 비탈진 길을 따라 내려가 몇 개의 건물을 지나쳐 세 번째로 들어간 건물에는 숙성 중인 술 항아리들이 있었다. 흙으로 구운 큰 항아리에 바이주를 담고, 술이 증발하지 말라고 비닐로 씌우고 다시 행운의 붉은 천으로 씌웠다. 군데군데 불이 켜져 있지만 내부는 어두웠고, 천장은 낮았고, 항아리는 헤아리다가 포기할 정도로 많았다. 한 항아리를 보니 일곱 번의 증류 공정 중 두 번째로 받아 낸 55도 장향형 술 500ℓ가 2년째 숙성되고 있었고, 다른 항아리를 보니 일곱 번의 증류 공정 중 네 번째로 받아 낸 53도 장향형 술 495ℓ가 4년째 숙성되고 있었다. 그중 4년 된 항아리의 먼지 앉은 붉은 덮개를 열어 보았다. 항아리 속의 술이 물처럼 투명해서 내 얼굴이 비친다. 술 향기에서 옅은 간장 냄새가 난다. 술 향기에 먼저 취한다. 안내인이 술을 한 국자 떠서 작은 잔에 채워 준다. 입안에 들어온 술맛이 두툼한데 알코올 도수 53%치고는 독하지 않다. 숙성의 힘 때문인지 무척 부드럽고 순해져 있다.

술 속에서 달콤한 맛도 따라오는데, 한 모금 삼키고 나니 코끝이 찡하고 술기운이 소용돌이치며 배 속으로 밀려 들어간다. 술을 다 넘겼는데도 입안이 따끔따끔하고, 입속이 부르튼 것 같다. 그리고 잠깐 사이에 몸이 따뜻해진다. 어두운 숙성고 건물을 나오자 비슷하게 생긴 건물들이 눈에 들어왔다. 그 건물 속에 술 항아리들이 가득 들어 있다니, 놀라울 따름이다.

네 번째 건물에는 누룩 제조장이 있었다. 이곳에서도 우리처럼 누룩을 발로 디뎌 만들고 있었다. 그런데 누룩 틀이 우리보다 세 배는 더 크다. 우리 누룩 틀은 두 발로 다 덮이는데, 마오타이 누룩 틀 속에는 두 사람의 발이 쏙 들어갈 정도다. 내가 한번 디뎌 보자고 하니 남자는 너무 단단하게 디뎌 안 된다고 한다. 마오타이 누룩은 외곽은 단단하게 디뎌도 중앙은 부드럽게 디뎌야 좋은 누룩이 된단다. 뒷짐을 지고 맨발로 누룩을 디디는 여성들의 발놀림을 보고 있자니, 그 빠르고 유연함이 마치 악기를 다루는 것 같다. 완성된 누룩의 가운데는 부풀어 오르고 금이 가 있는데, 주변부는 평평하고 찰지고 단단하다.

누룩에 곰팡이를 띄우기 위해 누룩 방으로 이동했다. 누룩 방들이 복도를 따라 양옆으로 펼쳐졌다. 누룩 방이 많아서 거울 속에 끝없이 반사된 허상을 보는 것 같았다. 누룩 방의 외벽 밑에는 아궁이처럼 구멍이 뚫려 있다. 열기와 습기를 조절하는 통풍구로 여겨졌다. 누룩 방의 문을 열자 헝클어진 지푸라기가 가득 쟁여져 있다. 짚 속에 누룩을 넣어서 띄운다고 한다. 안내인은 마오타이진의 독특한 술맛은 이 누룩에서 비롯된다면서, 지푸라기 속에서 단단하게 굳은 누룩 한 덩이를 꺼내 보여 줬다.

그런데 누룩과 함께 작은 날벌레들이 날아올랐다. 누룩 방 짚더미에 살던 날벌레들이다. 안내인의 하얀 옷에 앉은 벌레를 보니 크기는 초파리만 한데, 더 짙고 다부지게 생겼다. 안내인은 누룩 벌레라고 했고, 이 벌레가 있어야 누룩이 잘되는 줄을 안다고 한다. 마치 우리가 초파리가 있어서 초산 발효가 되는 줄을 아는 것과 흡사했다.

주중주에서 일하는 직원은 2,700명이고, 주중주 주창이 산을 하나 독차지하고 있어서 놀라웠는데, 마오타이진에 나오니 마오타이주 그룹에서 일하는 직원은 2만 명이라 하고, 주창의 전체 면적이 220만m²(66만 5,000평)에 건축 면적은 95만m²(28만 7,000평)로 적수하를 따라 7km나 이어져 있다고 한다. 마오타이 그룹의 술 빚는 모습이 보고 싶었다. 그런데 마오타이주는 별다른 견학 코스와 프로그램이 없었다. 구이저우성에 협조를 요청했지만, 볼 수 없다는 말만 돌아왔다.

복도 양쪽에 있는 방들이 모두 누룩 방이다.

대신 추천하는 곳이 마오타이진에 있는 마오타이 국주문화성茅台國酒文化城이었다. 그곳에서는 마오타이주의 역사와 문화를 한눈에 볼 수 있었다.

마오타이 국주문화성에는 마오쩌둥과 장개석이 국공합작을 하면서 함께 술잔을 나누는 조각상이 있었다. 마오타이주가 샌프란시스코 박람회장에 가서 명성을 얻게 된 사실도 기록되어 있었다. 마오타이가 국주가 된 이유로, 공산당이 동쪽으로 쫓겨 멀리 대장정 길에 나섰을 때 구이저우성의 적수하 강가에 사는 주민들의 도움을 받고 또 술로 위로를 받았다는 이야기도 전한다. 그리고 값비싼 마오타이를 맛볼 수 있는 유료 시음장도 갖추었다.

시음장에서 새끼손톱만 한 잔에 마오타이주를 맛보았다. 마오타이 10㎖ 용량이 비천 53%는 28위안(5,500원), 50년산은 478위안(9만 3,000원) 정도 했다. 한 숟가락이 못 되는 용량이다. 시음만으로는 만족할 수 없고 한 병을 사서 술맛을 잘 아는 친구들과 나눠 마시면 좋겠다. 숙성 연도별, 주창별, 가격별로 다른 술을 비교해서 맛보면 마오타이주를, 마오타이를 더 잘 이해할 수 있을 것 같다.

멸망한 유구국의 슬픈 유산

#뱀술 #미인주 #천축주 #아와모리

조선 시대에는 오키나와를 유구왕국琉球王國이라고 불렀다. 유구왕국 사신들이 공물을 들고 조선을 찾아왔다. 유구왕국은 1429년에 건국하여 1879년까지 지속되었는데, 일본에 병합되어 오키나와현으로 전락하고 말았다.

폐망한 나라의 운명은 슬프다. 그 슬픔을 공유할 만한 이를 찾아보기 어렵다는 게 더 쓸쓸하다. 오키나와 나하시 국제거리 뒷골목에서 유구국의 독립을 주장하는 소책자를 보았다. 유구의 독립을 위한 움직임이 있으나, 이방인이 감지하기는 어려웠다.

유구의 궁궐이었던 수리성(슈리성)은 2차 세계대전 때 미국의 공격으로 황폐해졌다가 복원되었다. 그래서 옛것이 무엇이고, 지금의 것이 무엇인지 구분하기 어렵게 되었다. 그런데 2019년 수리성에 화재가 발생하여 정전을 포함한 주요 건축물이 불타 버렸다. 그래서 다

수리성에서 바라본 오키나와 나하시

시 또 복원의 긴 터널 속으로 들어간 상태다.

유구 땅은 2차 세계대전의 격전지가 되고 패전의 멍에를 뒤집어 쓰면서 27년 동안 미군의 식민통치를 받다가 1972년 일본에 다시 귀속되었다. 지금도 오키나와에는 미군 공군기지가 있고, 미국의 통치 기간에 형성된 나하 국제거리, 미하마 아메리칸 빌리지 등이 요란한 관광지가 되어 옛날의 영화를 덧없는 일로 만들어 놓았다.

참 믿기 어려운 술, 뱀술

오키나와 나하 공항에 내려 처음으로 찾아간 곳은 서남쪽 해변에 있는 마사히로 주조 주식회사였다. 마사히로 주조는 1883년 처음 창업할 때는 유구왕국의 궁궐이 있던 수리성 부근에 있었다. 양조장을 창업한 이는 궁중 요리사였고, 중간에 전쟁을 치르면서 단절을 겪고 지금의 제조장은 1965년에 설립되었다. 마사히로는 3대 후손의 이름이고, 지금은 4대 후손이 주조소를 운영하고 있다. 아와모리 증류주와 식초를 만드는데 둘 다 시간이 흐를수록, 숙성의 시간이 흐를수록 가치와 가격이 올라가는 발효 식품이다.

주조소 마당이 넓어 버스가 편안하게 들어갔다. 주조소 마당 한쪽에 거대한 술 저장고가 도열해 있었다. 원통형으로 3층 높이는 되어 보였다. 이 주조소의 저장 가능한 용량이 3,440톤이라고 한다. 500㎖ 술 2,000병이 1톤이니, 어마어마한 술의 양이다.

우리의 양조장에서 구경하기 어려운 것이 저장 용기다. 희석식 소주 제조장이나 대형 맥주 제조장에서는 거대한 저장 통을 쉽게 볼 수 있지만, 중소 규모 양조장에서는 저장 통을 보기 어렵다. 동네 양조장들은 유통 기간이 짧은 막걸리를 만드니 곧바로 팔아야 하고, 약주나 증류식 소주는 숙성 개념이 부족하다 보니 그렇다.

마사히로 주조 입구 바위에 일본 술의 권위자 사카구치 긴이치로의 "그대는 아는가 명주 아와모리를君知るや名酒泡盛"이라는 글이 새겨져 있었다. 사카구치가 1970년 발표한 논문인데, 이 글로 인해 아와모리를 재인식하게 되고 가치가 달라졌다고 한다. 물론 유구왕국만이 가지고 있는 독특한 미생물, 발효 과학에 대한 재인식이지만, 시기적으로는 27년 동안 미국의 식민통치를 받다가 1972년 유구국으로 독립하지 못하고 일본에 다시 귀속되는 일련의 흐름 속에서 진행된 일이라고 볼 수 있다.

마사히로 주조 1층은 전시 판매장이었다. 주조소 술들을 시음하는 곳이 있고, 술과 항아리를 곱게 모신 제단도, 일본 전통 의상을 입고 사진을 찍는 포토존도 있었다. 양조장들은 아주 쉽게 정권 친화적으로 된다. 마사히로의 창업주가 수리성의 궁중 요리사였다는 이야기는 유구국의 추억을 가장 많이 간직하고 있다는 뜻일 텐데, 주조소는 일본의 여느 주조장과 다를 바 없었다.

이 전시장에 들어와 우리는 뱀술을 보고 놀랐다. 뱀이 술병 속에 똬리를 틀고 마치 살아 있는 듯이 담겨 있었다. 보기 어렵다는 흰 뱀, 백사가 든 술 단지도 있었다. 한국에서는 동물 술이 공식적으로 인정

아와모리 제조에 사용되는 검은 누룩

되지 않는다. 사주, 뱀술이 서울 황학동 시장 같은 곳에 있긴 하지만, 음성적으로 거래되거나 호사가들이 사사로이 취하는 것이지 공식 상품으로 유통할 수 없다. 그런데 오키나와에서는 뱀술, 하브주(하브는 뱀을 뜻하는 일본 말)가 특산주였다. 섬에 뱀이 많아서 그 뱀을 처치하다 보니 뱀술을 상품화시켰다고는 하지만 보기에 섬뜩했다.

전시 판매장의 2층에는 아와모리와 관련된 홍보관이 있었다. 아와모리를 빚는 데 사용하는 검은 누룩이 있고, 화덕 위에 올려 둔 전통 목통 증류기도 있었다. 주조소에서 만든 초창기 술병들도 빛바랜 채 보관되어 있었다.

2층 전시 홍보관에서 곧바로 주조소 작업장 안으로 들어갈 수 있었다. 작업장 안에 아와모리를 숙성시키는 대형 전통 항아리가 있

⌃ 오키나와 월드에서 숙성되고 있는 하브주

고, 그 옆으로 대형 증류기가 있었다. 증류기의 생김새가 트럭에 실려 있는 유조 탱크처럼 옆으로 길었다. 한국에 있는 증류기들을 보면 위로 긴 원통형인데 오키나와 증류 설비는 옆으로 긴 원통형이었다. 증류하는 내부 구조도를 보니 이해할 만했다. 옆으로 긴 원통형 증류기 안쪽으로 막대관이 들어가 있고, 그 관을 가열하여 술을 끓이고 알코올 증발을 유도했다. 가열되는 관의 면적을 넓혀서 열효율을 높이고 또 술의 표면적도 넓혀서 알코올이 잘 휘발하도록 하기 위한 전략이었다.

주조소 견학 담당자는 내부 사진을 찍지 못하게 했다. 창밖에서 간신히 허락된 사진 몇 장을 찍고 아래층 시음 판매장으로 내려오니, 그새 관광객들이 몰려와 시음장 안을 가득 채우고 있었다. 단체 관광버스가 사람들을 부려 놓아 길게 줄을 서야 시음할 수 있었다. 그 와

중에도 내 눈에는 똬리를 틀고 입을 크게 벌리고 있는 흰 뱀의 존재가 무섭게 들어왔다.

뱀술은 그 효능을 믿는 이와 믿지 않는 이의 견해차가 크게 갈린다. 마셔 본 사람들은 뱀술에 대한 굳건한 신앙을 가지고 있다. 뱀술이든 뱀탕이든 보면 그냥 마시라는 이들도 있다. 나는 뱀 100마리를 1동이라고 부르면서, 그 1동을 달여 마셨다는 양조장 대표를 만난 적이 있다. 효능 때문만은 아닌 것 같다. 나의 아버지만 하더라도 뱀술이 끊어진 허리도 이어 준다는 믿음을 가지고 있어서, 20년 동안 뱀술을 아껴 두셨다. 하지만 아버지의 뱀술은 너무 작은 술병에 담겨 있어서 20년이 지난 어느 날 열어 보니 술이 검게 변하고 악취가 나 안타깝게도 버릴 수밖에 없었다. 술을 버리는데 뱀뿐만이 아니라 인삼과 영지버섯도 함께 나왔다. 건강에 대한 아버지의 믿음이 그 술병 안에 가득 담겨 있었다.

뱀술은 마시는 법이 특별하다. 뱀술은 빨대로 마셔야 한다. 빨대를 목젖 가까이 대고 잇몸에 술이 묻지 않게 마시는 거다. 독이 든 뱀술을 상처 난 피부에 바르면 죽을 수도 있지만, 마시면 죽지 않는다고 한다. 어느 섬에서 있었던 이야기를 진지하게 내게 해준 이도 있었다. 한 아주머니가 굽은 허리를 펴기 위해 뱀술을 마셨다고 한다. 뱀술 덕분에 거짓말처럼 허리가 펴졌는데 이가 몽땅 빠지고 말았단다. 뱀술에 든 독성분이 상처 난 잇몸으로 들어가 이가 다 빠졌다는 거다. 이렇듯 뱀술에는 믿기 어려운, 아는 사람만 아는 이야기가 똬리를 틀고 있다.

그런데 오키나와에는 뱀술이 넘쳐났다. 마사히로 주조소 다음으로 테마파크인 오키나와 월드를 찾아갔다. 그 안에 폐망한 왕국의 이름이 테마공원으로 들어와 있었다. 100년 전에 지어진 오키나와 민가들이 있다고도 하는데, 시간에 쫓겨 돌아본 내 눈에는 뱀이 득시글거리게 든 술 탱크만 보였다. 뱀 하나에 술 한 병이 아니라, 큰 탱크에 뱀들이 실타래처럼 얽혀 있었고, 그 침출주만 따로 병에 담아 팔았다. 하브박물공원이라고 이름까지 달아 두고 유구의 술, 하브주를 팔았다.

여행은 나를 참 낯설게 만든다. 우리에게 금기가, 다른 고장에서는 버젓이 정상이 된다. 우리에게는 부도덕이, 다른 곳에서는 놀이가 되기도 한다. 혼란스럽다. 사는 것은 약속하기 나름인가 보다.

미인주의 나라

조선의 눈으로 유구를 추억할 수 있는 술들이 있다. 유구 사신들이 조선을 찾아왔을 때 가져왔던 술로 미인주美人酒와 천축주天竺酒가 있었다.

미인주는 세조 8년 유구 사신이 왔을 때 답한 이야기 속에 일일주一日酒(하루 만에 빚은 술)로 등장한다. 유구 사신에게 "주초酒醋·염장鹽醬의 법을 물으니 대답하기를, 깨끗이 씻은 쌀로 밥을 지어 누룩에 섞어서 술을 빚으며, 다만 일일주는 15세 처녀가 입을 깨끗이 씻고 밥을 씹어서 술을 빚는데, 그 맛이 기막히게 달다. 초醋도 또한 쌀로 빚는다. 소금鹽은 바닷물을 끓여서 만든다. 장醬은 밀小麥을 써서 바로 만든다"라고 하였다.

젊은 여자들이 입으로 밥을 씹어서 빚어 미인주라고 불렀다. 1614년 집필된 이수광의 『지봉유설』에 유구국의 대표 술로 미인주가 등장한다. 밥을 씹어서 술을 빚다니! 기발하고 희한하고 놀라운 일이지만, 충분히 가능한 일이다.

사람의 침 속에는 아밀라제라는 효소가 들어 있어서 곡물을 당화시킬 수 있다. 누룩이나 발효제가 없던 시절의 이야기다. 젊은 여자들이 항아리에 둘러앉아 곡물을 씹어 항아리에 뱉어 담아 두면 천연효모가 안착하여 알코올 발효를 시킨다. 오래 두면 알코올 도수가 제법 나오겠지만, 술을 빚은 지 하루 만에 마셔서 일일주라고 했으니 도수는 아주 낮았으리라. 술 빚어 하루를 두면 당화는 되지만 알코올 발효는 그다지 이뤄지지 않아 독하지 않고 달달한 맛만 띠게 된다. 오키나와에서 지금은 특별한 행사 때만 미인주를 시연하고 있다.

유구국의 또 다른 술로 천축주가 있다. 천축주의 맛을 잘 알았던 이가 세조 임금이었다. 『세조실록』을 보면 세조 임금은 그 술을 맛보고 "이것은 천축주가 아니다"라고 말했다.

세조 13년 7월 17일의 일이다. 임금이 "그대의 임금이 그대들을 사신으로 보내어 정성을 바치게 하고 예물도 많이 가져 왔으니, 내가 매우 가상히 여기고 기뻐한다. 지금 내가 그대의 임금을 위하여 자리에서 일어나 이 술을 마시겠다" 하고 묻기를, "술을 천축주라고 이름

붙인 것은 무엇 때문인가?" 하니 대답하기를, "이 술이 천축국天竺國에서 나기 때문입니다" 하였다.

임금이 말하기를, "천축국은 어느 방향에 있는가? 너희 나라와 도로의 상거相距가 얼마나 되는가? 또 너의 나라 사람이 항상 왕래하는가?" 하니 대답하지 못하고 말하기를, "천축국은 남쪽 지방에 아주 멀리 있는데, 저희와는 서로 통하지 않습니다. 다만 그 경계상에 이를 뿐입니다" 하였다.

잔치를 파하자, 임금이 종친과 재추宰樞에게 이르기를, "이것은 천축주가 아니다. 천축주는 진실로 이와 같지 않은데, 저들은 우리가 이것이 천축주가 아니라는 것을 알 줄로 어찌 생각하였겠는가? 반드시 우리를 속이는 것이 많을 것이다"* 하였다. 세조의 말 속에서 술이 거짓이니, 다른 것도 거짓일 수 있다고 추정하는 모습을 엿볼 수 있다.

세조 7년 12월 12일에는 사신들이 천축주를 가져와 술 항아리를 열어 보니 술이 없고 사탕이 나왔던 적이 있었다. 이때 사신들은 "신등이 토물土物을 받들어 바치면서 착오한 것이 여기에 이르렀으니 죽어도 죄가 남겠습니다"라고 했다. 그러자 세조는 "이것은 너희들의 허물이 아니다. 또 너희 왕이 나에게 천축주를 보내며 반드시 내가 이를 마실 거라고 생각했을 것이니, 이제 네가 술을 올리면 비록 천축주가 아니라고 하더라도 이것도 또한 너희 왕이 보낸 것을 마신 것이 될

---

* 此非天竺酒也. 天竺酒固不如是, 彼豈料我之知其非天竺酒也. 必自多欺我矣.

것이다"라고 용서한 적이 있다.

『세조실록』에는 조선 관리가 유구 사신에게 천축주 빚는 법을 물어보아 기록한 내용이 나오는데, "광랑나무桄榔樹(야자수와 같은 교목)를 절여서 태워 술을 만드는데, 그 맛이 향기롭고 극렬해서 두 잔을 마시면 종일토록 취한다"라고 했다.

천축주는 천축국에서 생겨난 이름이니, 유구국에서 만들었지만 수입된 문화였음을 알 수 있다. 천축국은 인도를 지칭한다. 천축주는 독한 증류주다. 천축주를 통해서 증류하는 기술이 인도와 동남아를 거쳐 유구국까지 전해졌음을 알 수 있다.

오키나와에선 사탕수수를 재배했으니, 천축주의 계보는 사탕수수에서 얻은 당분을 이용해서 만든 럼주에서 찾는 것이 더 가깝겠다. 다시 돌이켜 보면, 세조 임금 앞에서 열었던 항아리 속의 사탕(물)이 럼주의 원료이기도 하니, 유구 사신이 가져온 천축주가 사탕이 되어버린 것은 아주 엉뚱한 일은 아니었다고 변론해 주고 싶다.

오늘날 오키나와를 대표하는 술은 미인주도 천축주도 아니다. 태국산 쌀인 안남미에 검은 곰팡이를 피워 만든 아와모리泡盛 증류주가 오키나와를 대표하는 술이다.

오키나와 소주, 아와모리

오키나와에는 아와모리를 만드는 공간을 두고 주조, 주조소라는 표현을 많이 쓴다. 오키나와에는 48개의 아와모리 주조소가 있는데, 이번 3박 4일 여행 일정에서 아와모리 주조소를 네 군데 방문했다. 그런데 찾아간 주조소들은 단순하게 술만 만들고 있지는 않았다. 섬이 작고, 경쟁사들이 많아서일지도 모른다는 생각이 들었다. 첫날 찾아간 마사히로 주조는 아와모리와 모로미 식초를 만들었고, 둘째 날 찾아간 헬리오스 주조는 맥주와 럼과 아와모리를 함께 만들고 있었다. 셋째 날 찾아간 가미무라 주조소는 아와모리와 모로미 식초를 만들었고, 충고 주조는 아와모리와 항아리를 함께 만들었다.

그중에서 아와모리의 특징을 가장 잘 살필 수 있는 곳은 가미무라 주조소였다. 아와모리는 흑국균Aspergillus Awamori을 파종하여 배양한 검은 쌀누룩을 쓰는 게 큰 특징인데, 그곳에서 흑국균으로 누룩을 띄우는 것을 잘 볼 수 있었다. 넓은 상자에 띄우고 있는 누룩은 겉은 회백색이었지만 속을 파 보니 검은색을 띠고 있었다. 검은 누룩으로 빚으니 술통에 담긴 술이 마치 흑임자죽 같았다.

흑국균을 아스퍼질러스 아와모리라고 명명하는 걸 보면, 아와모리에서 흑국균의 비중이 얼마나 큰지 알 수 있다. 흑국균은 구연산 생성 능력이 좋아 습한 오키나와의 기후 조건 속에서 잡균 오염을 방지하면서 안정된 발효를 유도한다. 이 흑국균의 변이종이 백국균Aspergillus Luchuensis인데 루추엔시스라는 학명 또한 오키나와를 지칭하는 류큐琉球에서 온 말이다. 한반도에는 1920년대 흑국균이 들어와 소주 제조용으로 사용되고, 백국균은 1960년대 막걸리 양조장에서 밀가루 입국을 만들 때 사용되었다. 우리나라에서는 이제 흑국균은 사

마사히로 주조소의 아와모리 증류기

가미무라 주조소 지하에 마련된 방문객들을 위한 숙성 저장고

용하지 않지만, 백국균은 소주나 막걸리 양조장에서 두루 사용되고 있다.

아와모리는 안남미를 주재료로 쓰고 검은 누룩과 물을 섞어 2주 정도 발효한 뒤에, 이를 단식 증류기를 사용하여 증류한다. 단식 증류기를 쓴다는 것은 연속식 증류기를 쓰지 않는다는 것인데, 단식 증류기를 사용하면 발효주의 풍미와 향기가 증류주에 잘 담기게 된다. 3년 이상 숙성한 술을 절반 이상 병입하면 아와모리 고주古酒, 구스로 분류하는데, 오래 숙성될수록 맛이 부드러워지고 향이 깊어진다.

가미무라 주조소에서는 숙성된 술맛의 다변화를 도모하려고 큰 항아리, 스테인리스 통, 오크통 등 다양한 통에 담아 아와모리를 숙성시키고 있었다. 단식 증류기들은 직접 주문 제작해서인지 깔끔하지도 매끈하지도 않았기에 증류기가 설치된 공간이 마치 철공소 같아 보였다. 하지만 흑국균을 제조하는 모습을 잘 보여주고 공정도, 안내판도 잘 만들어 두어서 호감이 갔다.

가미무라 주조소에서 인상적인 또 다른 공간은, 방문객들이 직접 술을 구매해서 숙성시킬 수 있는 지하 공간이었다. 구매한 술에 인증 사진을 걸어 두고, 다시 찾아올 날을 기약하고 간 사람들이 많았다. 주조소 안에는 "한 집마다 고주 한 항아리를"이라는 구호까지 걸어 두고, 항아리째 술을 팔기도 했다.

오래 숙성된 아와모리 고주는 작은 잔에 담아 향과 맛을 즐겨 보는 것이 좋다. 일반적으로 아와모리는 소주나 보드카처럼 무색투명하기 때문에 칵테일 베이스로 많이 사용된다. 간편하게는 아와모리에 물이나 얼음이나 탄산수를 6 대 4 정도 비율로 섞어서 즐길 만하다.

이상향 샹그릴라에서는 무슨 술을 즐기나?

#윈난성 리장 #칭커주 #차마고도

불로주를 얻으려 하고, 약재를 넣어 신선주를 빚고, 흰머리의 노인을 아이로 만들어 준다는 백수환동주를 빚어 즐기면서 옛사람들은 오래 살고자 했다. 중국 윈난성의 이상향 마을 샹그릴라에서는 어떤 술을 마실까?

샹그릴라로 가기 위해 윈난성 리장 공항에 내렸다. 유네스코 무형유산으로 지정된 오래된 마을, 리장 고성에서 하루 머물게 되었다. 리장 고성은 원나라 때 조성되었다는데 오래된 모습을 잘 간직하고 있었다. 고성에는 나시족이 주로 거주하고 있고, 아직까지도 사물의 형태를 그대로 그리거나 특징을 부각시켜 만든 상형문자인 동파문자를 사용했다. 동파문자로는 술이나 술을 마신다는 말을 어떻게 쓸까 궁금하여 동파문자를 쓰는 사람을 찾아가 글을 받았다. 술은 술잔에서 기포가 올라오고 향기가 올라오는 모습을 그렸고, 음주를 뜻하는 문자는 술 옆에 사람이 서 있는 모습이었다. 간결한 그림이어서 쉽게 알아볼 수 있었다.

'술을 마신다'는 뜻의 나시족의 동파문자

윈난성 리장에서 강을 건너고 산을 넘어 샹그릴라로 들어갔다. 윈난성 샹그릴라 협곡을 지나는데, 길이 무너져 버스가 한참을 기다렸다가 간신히 좁은 황톳길을 빠져나왔다. 첩첩산중이라 사람들이 없을 듯했는데, 어디서 불러왔는지 사람들이 산에서 굴러 내린 돌들을 다시 하천 계곡으로 밀어내느라 무던히 애를 쓰고 있었다. 어려서 굽이진 산길을 돌아갈 때 차창 밖의 절벽을 보고 놀란 적이 있는데, 커서 다시 그 길을 가 보니 아주 작은 비탈에 지나지 않았다. 그 뒤로 다시는 나를 놀라게 할 비탈길은 없을 것이라, 무서움은 내가 어렸기 때문에 느꼈던 허구라고 생각했는데, 그게 아니었다. 중국 윈난성 가는 아스라한 벼랑길을, 낡은 차가 굴러떨어지지 않고 곡예를 부리듯이 돌아가는데, 순식간에 나를 두려움 가득 찬 어린 시절로 데려갔다. 그 길을 지나 샹그릴라에 들어섰을 때, 돌아갈 길이 아득하게 여겨졌다. 아니, 다시는 그 길로 돌아가고 싶지 않았고 돌아갈 수 없을 것이라는 생각도 들었다.

▲ 샹그릴라 가는 길. 해발 3,000m가 넘는 곳이라 협곡이 많다.

내가 들어온 곳이 이상향이라고 여기고 머물러야 하는 것은 아닐까 싶을 정도였다.

샹그릴라는 1933년에 작가 제임스 힐턴이 펴낸 소설『잃어버린 지평선』에 등장하는 이상향이다. 샹그릴라는 원래 현실 속에 존재하는 마을이 아니었다. 티베트어로 샹그릴라는 '마음속의 해와 달'이라는 뜻이다. 마음속의 해와 달이라니, 무언가 소중한 약속을 담고 있는 것 같다.

윈난성 샹그릴라는 작가 힐턴의 소설에 등장하는 마을과 흡사하다 하여, 중국 정부가 1997년 윈난성 중뎬中甸을 샹그릴라로 추정하고, 2001년에는 샹그릴라로 개명하면서 만들어진 마을이다. 그 뒤로 중뎬 샹그릴라는 큰 변화를 겪게 되었다. 한 해 6만 명 정도 찾아오던 곳이 이름을 바꾸고 난 뒤로는 한 해에 600만 명이 찾아왔다. 사람들은 이상도 하지! 풍경만이 아니라 그 풍경에 담긴 해석과 이야기를 즐기러 다닌다. 이른바 관광 스토리텔링의 승리를 맛본 곳이 중뎬 샹그릴라다.

우리도 그 이름에 홀려 샹그릴라에 들어온 셈이다. 분명 이상향이라고 했으니, 그 안에 멋진 술이 있을 것이라는 막연한 기대감으로 샹그릴라를 찾아갔다. 그런데 샹그릴라로 입성하자마자 문제가 생겼다. 해발 3,459m나 되니 숨이 얕아졌고, 머리가 조여오기 시작했다. 뛰지 않고 천천히 걸어야 했고 몸이 늘어졌다. 산소가 부족해서 생긴 고산병 증세가 찾아온 것이다. 심호흡을 해야 하고 목욕은 하지 말아야 하고 조용히 누워 있기를 권하는 동네가 어찌 이상향이란 말인가?

그래도 하룻밤을 자고 나니 몸이 좀 거뜬해졌고, 술을 찾아 나설 의욕도 생겼다. 중국식 짜장면을 맛보고 나서 마을 안에 있는 양조장을 찾아갔다. 양조장 입구에 칭커 주창青稞酒厂이라고 쓰여 있었다. 주창은 양조장이고, 칭커는 고산지대에서 자라는 보리다. 중국인들은 칭커라는 말을 좋아한다. 보리를 좋아해서가 아니라, 워칭커我请客라고 하면 "내가 쏜다"라는 뜻이 되어, 술자리에서는 누구나 좋아하는 말이다.

찾아간 칭커 주창은 민가의 살림집에 딸려 있었다. 세 명의 직원이 함께 일하는 주창은 천장이 높은, 창고 같았다. 증류주 주창이라 불을 사용했고, 불을 지피는 아궁이가 있고 아궁이 위로 증류 설비가 놓여 있었다.

주창 입구에 칭커 자루가 쌓여 있었다. 칭커는 티베트, 윈난의 고산 지역에서 잘 자라는 보리로, 이 지역 사람들의 주식이다. 곡물의 가운데에 줄무늬가 있는데, 주창의 보리는 색깔이 수수에 가깝게 검붉다. 칭커를 가루 내서 소금과 버터를 섞어 반죽하면 보리빵 짬바가 되고, 칭커 가루를 찻물과 우유에 섞으면 수유 차가 된다. 칭커로 만든 칭커 맥주가 있고, 칭커를 발효하여 술을 빚고 이를 증류하면 칭커 바이주가 된다.

무거운 칭커 자루를 옮기는 사람은 여자였다. 족히 40kg은 되어 둘이서 마주 잡아도 힘든데, 그는 거침없이 보릿자루를 들었다. 칭커를 큰 통에 붓고 물을 부어서 불리는 작업을 했다. 잘 불린 칭커를 큰 찜솥에 넣고 불을 지펴 쪘다. 찐 칭커는 넓은 대 위에 펼쳐 놓고 송풍기를 틀어 식힌 뒤에, 분말로 된 발효제를 엷게 뿌려서 잘 섞었다. 곡물을 찌는 것까지는 한국 전통술을 빚는 것과 큰 차이가 없었다. 다만 찜통이 나무로 된 큰 솥이었다. 중국과 한국의 발효 공법의 큰 차이는, 한국은 찐 곡물에 물을 부어서 발효시키는데, 중국은 찐 곡물에 물을 섞지 않고 발효제만 섞어 구덩이에 쏟아붓고 진흙으로 밀봉하여 발효시킨다. 물기 없이 고체 발효를 하는 점이 중국 술의 특징이다. 왜 그럴까? 술을 많이 빚기 위해서, 오염이 덜 되게 하기 위해서, 강한 향기를 잡기 위해서 등등 여러 가지 이유가 있을 것이다. 어쨌든 고체 발효는 증류주를 만들기 때문에 가능한 공정들이다.

그런데 희한한 것은 남자 둘과 여자 둘이 작업하는데, 여자들이 일을 주도하고 있었다. 그래서 물어보았더니, 아직 서른 살이 안 된 젊은 여성이 공장장이었고, 그의 언니처럼 보이는 이가 사장이었고, 남자 둘은 바쁠 때 일을 도와주는 보조 인력이었다. 젊은 공장장은 어머니의 일을 이어받았는데, 어머니는 이 주창에서 평생 일하다가 은퇴했다. 원래 가정에서 술을 빚던 전통이 상업화되면서도 그대로 여성의 노동으로 옮겨 와 있는 형태였다.

찐 칭커에 발효제를 섞고 구덩이에서 20일 정도 발효시킨 뒤에, 발효된 칭커를 꺼내 증류 솥에 넣고 증류한다. 증류 솥 위에는 구리로 된 냉각 장치가 얹혀 있었다. 증류기는 유럽의 영향을 받았는지 열전도율이 좋은 구리를 사용하고 있었다. 이 주창에서는 나무로 된 증류기 몸체를 그대로 사용하고, 증발된 알코올 증기가 닿는 부분인 증류기 상단만 구리였다. 전통 방식과 유럽 방식의 결합인데, 아랍이나 유럽으로 향하는 길목의 차마고도다운 문화였다.

증류 솥에서 금방 내려진 칭커 바이주는 코끝을 찡하게 때릴 정도로 독했다. 주정계에 찍힌 알코올 도수는 50도가 넘었다. 이 술을 저장 용기에 담아 두었다가, 찾아오는 손님에게 판다고 했다. 주창에서는 술을 오래 숙성시켜 팔지는 않았다.

티베트 민족이 즐겨 마시는 보리술로 창이 있다. 창은 티베트에서 자라는 보리를 이용하여 만드는데, 도수는 그리 높지 않아 남녀가 모두가 편하게 즐긴다. 히말라야 트레킹을 하러 가서 보리술인 창을 맛본 이들은 한결같이 창이 막걸리와 닮아 있더라고 말한다. 그래서 티베트 민족인 장족들이 사는 샹그릴라에 창을 닮은 탁주가 있을까

◀ 증류 솥에 칭커를 담고 있다.
▼ 증류를 하기 위해
냉각 장치를 올리고 있다.

기대하고 왔는데, 현실은 달랐다. 칭커주 주창의 공장장이나, 샹그릴라 마을 사람들이나, 술 가게의 주인들에게 물어보아도 도수 낮은 발효주는 잘 안 마시고, 도수 높은 칭커 바이주를 마신다고 했다.

도수 낮고 탁하고 소박한 칭커주는 어디로 갔을까? 그 술을 찾기 위해 샹그릴라의 옥룡설산을 넘어, 옥룡설산의 약재를 잘 다룬다는 명의를 찾아가 보았는데 그곳에서도 약재가 들어간 신선주나 도수 낮은 술을 찾을 수가 없었다.

샹그릴라 사람들은 술을 마시기 전에 치르는 관행 하나가 있다. 술잔을 받으면 오른손 네 번째 손가락, 약지에 술을 적셔 튕긴다. 한 번은 하늘을 향해, 또 한 번은 땅을 향해, 그리고 마지막은 마주 앉은 사람을 향해 튕긴다. 내가 술 마시는 것을 하늘에 고하고, 땅에 고하고, 그리고 상대방의 행운을 기원하면서 첫 잔을 들이켠다. 술자리마다 천지인天地人의 조화를 기원하는 것이다. 술에 취하다 보면 우리는 곧잘 술을 창처럼 사용하여 상대를 공격하는데, 샹그릴라의 장족들은 칭커주를 가지고 그렇게는 하지 않았다. 샹그릴라에 이상향의 술이 존재한다고 말하기는 어려워도 이상향에 걸맞은 음주 문화는 갖고 있었다.

양키스 디스틸러리에서 한국형 소주를 만들다

#맨해튼 #WEST32 #뉴욕 소주

미국을 여행한 한국 양조장 대표 한 분이 미국에서 만들어진 소주 한 병을 구해서 내게 보내 주었다. 상표에는 'MADE IN NEW YORK'이라 적혀 있고, '소주'라는 한글도 적혀 있었다. 소주 이름은 WEST32, 뉴욕 맨해튼 한인타운 거리 이름을 그대로 가져왔다. 목이 긴 초록 병은 한국 소주병 색깔에 맞춘 듯하고, 알코올 도수도 19.9%로 순한 소주의 톤을 유지하고 있었다. 누가 만들었을까?

뉴욕 맨해튼을 방문하던 차에 나는 웨스트 32가에서 WEST32 소주를 만든 대니얼 리를 만났다. 그의 한국 이름은 이성환이고, 1983년 미국에서 태어나 할머니 할아버지 밑에서 자란 덕에 한국말을 잘 알아듣지만, 영어가 더 편한 한국계 미국인이었다. 그는 소주를 뉴욕의 한 위스키 증류소에 주문 제작하고 있었다. 나는 그를 만난 지 30분 만에 그 증류소를 가 보고 싶다고 말했다. 그는 한 달에 한 번 정도

양키 증류소 가는 길

증류소를 방문하는데, 왕복 여섯 시간이 걸리지만 함께 가자고 흔쾌히 답했다.

대니얼이 모는 렌터카에 몸을 싣고 허드슨강을 거슬러 북쪽으로 달렸다. 핸드폰 내비게이션에 160마일(257km)이 떨어진 곳이라고 찍혔다. 전날은 맨해튼의 요란한 바에서 그와 목청 높여 대화를 나눴는데, 차 안에서 서로에 집중하며 대화하니 편했다. 자동차 도로를 달리는 여섯 시간 동안, 나는 묻고 그는 답했다.

"왜, 어떻게 해서 소주를 만들게 되었습니까?"

맨해튼 한인식당에서 소주를 마시면서 소주에 대한 많은 영감을 얻었다. 2016년에 양조 면허를 내고 2017년 초에 처음 WEST32 소주를 만들어 냈다. 소주의 매력은 대단히 '사회적인' 알코올이라는 점이다. 미국에서 위스키나 보드카는 대부분 잔술로 마신다. 그런데 소주는 병술로 마신다. 칵테일이나 잔술 문화이다 보니 미국에서는 서로에게 술을 따라 주는 문화가 없다. 그런데 소주는 서로에서 따라 준다. 게다가 소주는 위스키나 보드카처럼 독하지 않다. 그래서 소주는 훨씬 소셜하고 사교적이다. 이 때문에 소주를 만들고 싶어졌다. 소주를 좋아하게 되면서 동시에 소주가 궁금해졌다.

"소주의 무엇이 궁금하던가요?"

소주가 저렴한 이유가 가장 궁금했다. 미국 식당에서 소주는 한 병에 17달러, 한국 돈 2만 원 정도 한다. 수입 유통 마진이 붙어서 한국 판매 가격보다 열 배는 더 비싸지만, 그래도 미국에서 팔리는 다른 증류주에 견주면 무척 싼 편이다. 2014년부터 소주를 공부하면서 수입한 타피오카를 사용하고 설탕이 아닌 인공 감미료를 사용하고 대량 생산하기 때문에 값이 저렴해지는 걸 알게 되었다. 소주는 순하고 깔끔하지만, 여러 가지 감미료 때문에 자연스럽지natural 않다고 느껴졌다. 그렇다면 우리도 만들 수 있겠다, 더 잘 만들 수 있겠다고 생각했다. 맨해튼에서 소주를 같이 즐겼던 친구인 법률가 맥스엘 파인과 의기투합하여 자연스럽고 글루텐이 없는 소주를 만들게 된 것이다.

"한국 소주의 맛은 어떻다고 평가합니까?"

소주의 순하고 깔끔한 맛을 좋아한다. 소주를 만들고 싶어서 처음에는 안동소주를 맛보았다. 향이 있고 독한데, 이게 뭐지 싶었다. 위스키에서 나는 오크 향도 아니고, 브랜디나 고구마소주의 발효 향과도 달랐다. 보드카처럼 담백한 듯하지만 그래도 뭔가 들어 있었다. 쌀과 누룩으로 소주를 만들어 보았는데 맛이 특이하지만, 미국 사람들에게 먹힐지는 알 수 없었다. 그래서 보리, 감자, 고구마, 타피오카로 빚어 보다가 옥수수를 사용하여 참이슬 같은 순하고 깔끔한 소주의 맛에 접근하게 되었다.

"왜 자연스러운 맛의 소주를 만들고 싶었습니까?"

자연스러운 맛은 요즈음 미국 사람들이 부쩍 관심을 갖는 요소다. 내 몸에 들어가는 음료나 음식으로 좋은 것을 선택하는 사람들이 늘어나고 있다. 홀 푸드 마켓Whole Foods Market에서 유기농 재배, 무첨가물, 글루텐 프리 식재료를 구매하고, 세인트루이스에서는 홀 푸드 데이를 열기도 한다.

휴게소를 들르지도 않고 세 시간을 달려 WEST32 소주를 제작하는 양키 증류소Yankee Distillers에 도착했다. 올버니시를 지나 클리프턴 파크의 숲이 좋은 곳에 증류소가 자리 잡고 있었다. 세 사람이 동업해서 2015년에 창업한, 위스키와 보드카를 생산하는 곳이었다. 천장이 높은 증류소 공간은 크게 세 개로 분리되어 있었다. 한 칸은 전시실과 바가 있고, 다른 한 칸에는 2톤 용량의 이탈리아제 다단식 동 증류기와 발효 탱크들이 있고, 또 다른 칸에는 병입실과 오크통 저장실이 있었다. 대니얼은 소주를 주문 제작하기 위해서 뉴욕주에 있는

뉴욕 클리프턴 파크에 있는 양키 증류소

증류소를 거의 다 돌아보았고, 그중에서 위스키와 보드카를 함께 만드는 이곳과 계약을 맺게 되었다고 했다.

3인의 공동 출자자 중 한 명이면서, 증류를 책임지고 있는 매튜 예거에게 양키 증류소를 안내받을 수 있었다. 매튜 예거에게 물었다.

"양키 증류소에서는 어떻게 증류주를 만듭니까?"

2,000ℓ 용량의 이탈리아제 다단식 동증류기를 사용하고 있다. 재료는 뉴욕주에서 나는 보리, 밀, 호밀, 옥수수를 사용한다. 뉴욕주의 농산물을 75% 이상 사용하면 증류소 안에서 시음장인 바를 운영할 수 있다. 500갤런(1,892ℓ) 정도의 발효 원주를 빚어 증류기 안에 넣고 뚜껑을 닫고 가열을 시작한다. 에탄올 증기가 파이프를 통해 이동할 때 수동으로 농도 조절이 가능하다. 증류액이 농축되는 다단식 과

정이 최대 여덟 번까지 가능한데, 보드카의 경우는 여섯 번 정도의 농축 과정을 거친다. 증류액은 처음 나오는 헤드Head, 중간에 나오는 하트Heart, 마지막에 도수 낮은 테일Tail로 분류하여 받는데, 테일은 다시 활용하여 증류한다. 투명한 술을 얻기 위해 여과를 섬세하게 한다. 위스키는 미국산 오크통에 숙성하고, 완성된 술은 손으로 일괄 번호와 상표를 붙인다.

"여기서 만들고 있는 보드카와 소주는 어떤 차이가 있습니까?"

소주와 보드카는 만드는 방식이 동일한데, 둘 다 맛과 향을 없애려고 거듭 증류하는 게 특징이다. 양키 증류소에서 만드는 보드카는 되도록 밀의 향을 남기려고 한다. 웨스트32 소주는 대니얼의 주문에 따라 깨끗하고 순하게 만드는데, 그러다 보니 여기서는 소주가 보드카보다 훨씬 더 깔끔하고 보드카답게 만들어진다. 보드카는 60%가 물이고, 소주는 80%가 물이기 때문에 물이 더 들어갈수록 조절하기 어렵고, 주의를 기울여서 만들어야 한다. 소주와 보드카의 차이는 이를 즐기는 문화에서 생긴 것 같다. 미국에서는 보드카를 칵테일로 마시기 때문에 도수가 높아도 되지만, 한국에서는 소주에 물을 타지 않고 그대로 마시기 때문에 도수가 낮다고 본다.

대니얼은 이곳에서 만들어지는 소주에 만족하고 있었다. 좋은 파트너를 만났고 믿음직하다고 했다. 제조는 양키 증류소에 맡기고, 자신은 금융 쪽에서 일했고 마케팅과 세일즈를 잘하기 때문에 그 분야에 전념하는 게 훨씬 생산적이라고 했다. 그는 친구인 맥스웰 파인과 동업하면서, 열 명의 투자자로부터 투자도 받고 있었다. 발효나 증류를 전공하지 않고, 양조장에서 일한 경험도 없고, 한국 생활을 해본 적 없는데도 한국 스타일의 소주를 만들고 있는 대니얼에게 다시 물었다.

"WEST32 소주는 어떻게 만들어집니까?"

옥수수를 분쇄하여 효소와 효모를 넣고 4~5일 정도 발효시킨다. 알코올 10% 정도로 발효를 시킨 다음 증류기에 넣는다. 원주의 알코올 도수를 더 올리지 않는 것은 의도한 맛을 이끌어 내기 위해서다. 증류주의 순도를 높이기 위해 최대한 높은 도수의 알코올을 만든다. 증류한 원액을 깔끔하고 깨끗하게 만들기 위해 숯으로 여과하고 나서 두 번 더 필터 여과를 한다. 소주를 마시면 뒤따라오는 주정의 격한 느낌을 줄이기 위한 공법이다. 화학적인chemical 첨가물을 넣지 않고 부드러운 맛을 유지하면서, 사탕수수 설탕으로 단맛을 내는데 지나치게 달지 않게 만들려고 노력했다. WEST32 소주는 한국 소주보다 달지 않아서 한국 사람들에게 안 맞을 수 있다고 본다. WEST32 리저브 32도는 동증류기의 여덟 개 칼럼을 모두 통과시켜 알코올 57% 상태로 버번위스키 오크통에 6개월 숙성하여 출시한다.

"앞으로 소주를 어떻게 팔고 싶습니까?"

소주라는 이름이 미국 사회에 알려지기 시작했다. 럼, 브랜디, 코냑, 사케, 테킬라 등과 함께 소주도 하나의 장르로 자리 잡게 만들고 싶다. 한국에서도 지역별로 소주가 존재하는 것을 보았다. 뉴욕에도 소주가 있었으면 좋겠다고 여겨서 소주 회사를 만들었다. 미국 술 유통 회사와 손잡고, 현재 미국 50개 주 가운데 15개 주에서 WEST32

▲ WEST32 소주를 만드는 매튜 예거와 WEST32 소주 대표인 대니얼 리
▼ WEST32 소주는 두 종류가 나온다. 19.9도 순한 소주와
버번위스키 통에 숙성시킨 리저브 32도 소주

소주를 팔고 있다. 우리의 경쟁 상대는 '참이슬'이나 '처음처럼'이 아니다. 소주를 가장 많이 마시는 나라가 한국이지만, 경쟁이 가장 센 나라도 한국이라서 WEST32를 가지고 한국으로 들어가는 것은 위험하다고 본다. 하지만 상징적인 의미가 있기 때문에 한국의 신라호텔과 호텔 반얀트리에서 WEST32 리저브 32도 신상품을 미국보다 앞서 선보였다. 우리가 겨냥하는 소비자는 한국 소주의 기억을 가지고 있는 미국인이다. 감미료를 넣지 않고 술의 정체성에 충실한 소주를 미국인들에게 알려주고 싶다. 그래서 이름도 맨해튼 한인타운 거리에서 따왔다. 자연스러운 맛을 지닌 술이자 깔끔하고 부드러운 소주의 판매망을 미국 전역에 구축해 나가고자 한다.

증류소를 둘러보았으니, 이제 양키 증류소의 증류주를 맛볼 차례다. 제조장과 연결된 바에 앉아 매튜 예거가 따라 주는 위스키와 보드카를 종류별로 맛보았다. 독한 보드카와 부드러운 소주, 짙은 버번 위스키를 마음 편하게 맛보았다. 짙은 증류주 향에 감싸여 양키 증류소를 나오는데 세상은 빙글빙글 돌고 내 생각은 자꾸 한 지점으로 말려들었다.

소주는 무엇인가?

한국 소주는 무엇인가?

잘츠부르크 수도원 지하에서 취하다

#할슈타트 #아우구스티노 브로이 #복비어

모차르트 생가가 있는 잘츠부르크를 찾아갔다. 작은 도시였고 도시를 가로질러 잘차흐강이 유연하게 흐르고 있었다. 강 위에 걸쳐진 마카르트 다리의 난간에는 관광객들이 채워 놓은 자물쇠들이 가득했다. 그 다리에서 바라본 풍경은 생일 케이크처럼 고왔다. 산 정상에 왕관처럼 씌워진 잘츠부르크성은 1077년 신성로마제국 시절에 구축되었다. 침략군으로부터 버틸 목적으로 지어진 철옹성이었다. 그 성에서 내려다본 잘츠부르크 시내는 아름답고 화려했다. 영화 〈사운드 오브 뮤직〉의 '도레미송'이 울려 퍼진 무대인 미라벨 정원과 미라벨 궁전이 보이고, 17세기에 세워진 화려하고 유연한 바로크 양식의 대성당의 첨탑과 돔이 보이고, 그림처럼 흘러가는 강물이 보였다. 아마데우스 볼프강 모차르트가 나고 자란 음악 도시답게 곳곳에 공연장도 눈에 띄었다.

⌃ 잘츠부르크 카피텔 광장. 황금구 위에 사람이 서 있는 9m 높이의 조형물이 있다.
⌄ 잘츠부르크성을 오르던 길에 보이던 풍경

내게 잘츠부르크는 볼 게 많아서 과분하고 벅찬 여행지였다. 그런데 함께 간 두 여성의 목적지는 여기가 아니었다. 한국 여성들이 좋아하는 여행지가 따로 있다는데, 그들도 마찬가지였다. 두 여성에게 잘츠부르크는 할슈타트를 가기 위한 경유지였다.

가장 편안한 여행 중 하나는, 모든 것을 함께 여행하는 이에게 맡기는 것이다. 이번 나의 여행 목적은 그저 따라가는 것이었다. 이야기를 잘 들어 주는 사람이 되면 된다. 물론 이때 상대는 이야기하고 싶어 하고, 기꺼이 리더가 될 줄 아는 사람이라야 한다. 둘이서 여행하면 자칫 상대에게 짐이 될 수 있으니 조심해야 한다. 다행히 나는 셋이서 여행했다. 셋이 여행하면 짐꾼처럼 그저 뒤따라가는 것이 가능하다. 앞선 두 사람의 의견을 번갈아 가면서 존중해 주면 된다.

잘츠부르크에서 할슈타트로 가는 왕복 티켓을 끊고 버스를 기다리는데, 젊은 한국 여성 둘을 만났다. 한국 사람임을 확인하는 정도의 인사를 나누었다.

잘츠부르크에서 버스를 타고 기차역이 있는 바트이슐에 내렸다. 그곳에서 기차를 타고 할슈타트로 향했다. 웅장한 산비탈을 따라 철길이 이어졌고, 건너편 산자락에 깃든 집들이 한가롭고 평화롭게 보였다. 기차는 선율을 타고 가는 것처럼 부드럽고 편안했다. 작은 간이역에 기차가 멈추자 기차를 탔던 모든 이들이 내려야 했다. 목적지가 같은 여행자들이었다. 간이역에서 호숫가로 내려오니 선착장이 있었다. 배를 타기 위해 모두가 줄을 섰다. 사실 줄을 설 필요는 없었다. 모두가 탈 것이기 때문에. 할슈타트로 가는 배가 들어왔다. 운송수단이 버스에서 기차로, 기차에서 배로 달라질 때마다 새로운 관문을 통과하는 것 같았다. 운송수단을 바꾼 것은 마치 떠나왔던 곳을 모두 잊게 하려거나, 돌아가는 길을 기억하지 못하게 하려는 것 같았다.

배는 잔잔한 호수 위를 요동도 없이 미끄러져 나아갔다. 호수 위로 산 그림자가 깊게 드리워져 데칼코마니 문양을 이뤘다. 한 번도 가보지 못한 세상, 어떤 것이 있는지조차 모르는 세상으로 지금 내가 가고 있었다. 그래서 그 순간이 더 설레고 신비로웠다.

배가 소금광산 할슈타트 마을의 선착장으로 들어섰다. 비탈진 산을 타고 올라간 뾰족지붕 집들이 물 위에 어렸다. 사진을 찍으니 그대로 그림엽서가 되었다. 수평으로 펼쳐진 호수와 수직으로 솟은 산을 배경으로 마을을 이루고, 그 모습이 엽서로 영상으로 담겨 전해지면서 할슈타트는 광산에서 관광지로 바뀌었다.

고고학자의 발굴에 따르면 이 마을은 7천 년 전에도 소금을 캤다고 한다. 마을 안쪽에 소금광산으로 오르는 모노레일이 있었다. 그 모노레일은 광부도 타지만 관광객도 탈 수 있다. 그동안 광부들이 파고 들어 간 터널의 길이가 65km나 되고, 지금도 파고 있었다. 그러고 보니 소금도 금이다. 소금salt으로 임금을 주었던 시절이 있어서 샐러리salary, 월급이라는 말도 소금에서 생겼다. 잘츠부르크의 잘츠도 소금이라는 뜻이다. 할슈타트 덕분에 흥성해진 이웃 마을이 생겼으니, 덕을 많이 베푼 동네다.

호수가 내려다보이는 할슈타트 마을 길을 걷다가, 잘츠부르크 정류장에서 만난 한국 여성 둘을 다시 만났다. 걸을 수 있는 길은 하

호숫가 마을 할슈타트

나여서 함께 걸었고 대화를 나눌 수 있었다. 둘은 여행을 하다가 게스트하우스에서 만난 사이였다. 그중 한 여성은 기업에서 8년간 근무하다가 사표를 내고 새로운 삶을 구상하기 위해 한 달 일정으로 유럽을 여행 중이었다. 그가 사표를 낸 이유는 8년을 열심히 일하고 승진 기회가 주어졌는데, 열심히 일하지 않은 입사 동기인 남자 직원이 승진해서였다. 부조리한 상황을 받아들일 수 없었고, 그 회사에 자신의 미래를 맡길 수 없었단다. 그는 할슈타트 호수에 얼굴을 비춰 보며, 새로운 일을 하고 싶다고 말했다. 내가 물었다.

"술을 잘 마시나요?"

"술을 마셔 본 적이 없어요."

"회사 생활 8년에 술을 마셔 본 적이 없다고요? 그럼 아버지하고도 술을 마셔 본 적이 없나요?"

"아버지는 술을 안 마셔요."

"안 마신다고요? 한국 사회에서 사회생활을 하기 어려울 텐데요. 술을 안 마셔도 되는 직종에 근무하시는 걸까요? 혼자 일하는 연구원이거나 약사이거나, 아이들을 돌보는 직종이거나 의사라면 아동 전문의거나, 그도 아니라면 스트레스가 전혀 없는 직종이겠는데요. 하여튼 아버지는 여럿이 함께 일하는 직종에 종사하진 않겠네요, 그렇죠?"

"아니에요, 목사예요."

너무나 쉽게 의문이 풀리고 말았다. 그는 서른세 번째 생일을 지나고 있었다. 갈림길에서 헤어질 무렵 할슈타트에 대한 인상을 물었더니, 그가 말했다.

"이 마을이 내 마음을 다 달래네요. 그리움이 뭔지 몰랐는데, 여기에 있는 것 같아요."

고개를 숙이면 넓은 호수가 보이고, 눈을 들면 힘찬 산이 보이고, 호수 속에 또 하나의 하늘이 보이고, 산 그림자가 보이고, 동화 같고 유화 같은 곳이 할슈타트였다.

잘츠부르크로 돌아왔다. 갔던 길을 되짚어 왔지만, 오던 길에 대한 기억은 아무것도 남지 않았다. 할슈타트의 풍경만이 눈앞에 오래도록 펼쳐졌다. 여성들이 그곳을 왜 동경하는지 이해가 되었다. 소유할 수 없는 향기 같고, 만질 수 없는 물그림자 같고, 영원할 수 없는 행복 같았다. 할슈타트 풍경이 나를 안타깝게 만들었다.

과분했던 잘츠부르크가 변덕스럽게도 내게 평범해 보였다. 잘츠부르크에 어둠이 내렸고, 내 마음도 차분해졌다. 이제 여행지의 밤을 채울 것은 술이다. 술이 없는 여행자는 내일만 바라보는 여행자이고, 술이 있는 여행자는 오늘을 진정 즐길 줄 아는 여행자다. 여행자로서 나의 소신은, 내일은 내일일 뿐이고 오늘 이 순간을 즐기는 게 중요하다. 그러려면 체력도 좋아야 한다.

그사이 나는 잘츠부르크에, 오스트리아에서 가장 넓은 펍이 있다는 정보를 입수했다. 심지어 그 펍이 수도원 지하에 있고, 맥주를 만들어 팔기까지 한대서 아니 갈 수 없었다. 수도원과 맥주가 어떻게 연결되는지, 술맛이 어떤지, 펍의 풍경은 또 어떠한지 궁금했다. 할슈타트는 소유할 수 없지만, 맥주는 얼마든지 소유할 수 있으니 또 얼마나 좋은가.

잘츠부르크에 함께 내린 목사 따님에게 맥주를 마시러 가지 않겠냐고 물었더니, 숙소로 돌아가겠다고 했다. 도미토리 숙소를 잡았기에 다른 사람의 수면을 방해하지 않으려면 밤 10시 이전에는 숙소로 들어가야 한다고. 숙소로 돌아가는 그의 뒷모습을 보고 나는 그를 밀어내고 승진한 사내가 어쩌면 일보다는 술을 더 가까이하지 않았을까 하는 불편한 생각을 했다.

잘츠부르크 시내를 가로지르는 잘차흐강 강가를 따라 걷다가, 비탈진 언덕에 이르러 길을 헤매다가 구글 지도를 확대시켜 보다가

1621년 수도원에서 맥주를 처음 팔기 시작하여 지금에 이르고 있는 아우구스티노 브로이의 펍

관공서 같은 3층 건물에 다다랐다. 건물 벽에 아우구스티노 브로이 Augustiner Bräu라는 상호가 붙어 있었다. 뒷문 쪽일까? 입구는 좁았다. 우리는 앞선 사람을 따라 홀린 듯이 계단을 타고 지하로 내려갔다.

지하는 완전히 다른 세계였다. 기차역 대합실을 연상시키는 높은 돔 천장이 있고 넓은 복도가 뻗어 있었다. 술집으로 설계된 건축물이 아니란 건 쉽게 짐작이 갔다. 복도 한쪽에는 안주 가게들이 늘어서 있고, 다른 쪽에는 넓은 홀과 방들이 있었다.

맥주는 마시는 사람이 직접 받아와야 했다. 계산대에서 맥줏값을 내고 나서 통로 벽에 비치된 도자기 맥주잔을 직접 꺼내 들고 잔을 헹군 다음에, 맥주잔을 내밀어야 했다. 그러면 체격 좋은 사내가 영수증을 확인하고 오크통 꼭지에서 잔을 채워 주었다. 음식 코너에는 소시지, 돼지 족발 학센, 감자칩, 치킨, 수제 빵 등이 있었다. 술과 안주를 들고 커다란 홀로 당당히 들어서는 기분이란, 기도를 끝내고 돌아오는 수도사의 마음이 이러했을까? 룸에는 뜻을 함께하는 애주가들이, 그 애주가들이 내뱉는 우렁찬 소리가 가득 차 있었다.

맥주 두 잔을 마시니 세상을 다 얻은 것 같았다. 잠깐 지상으로 올라와 마당으로 나와 보니 비어가든이 있었다. 브로이 홍보물에는 비어가든까지 해서 모두 1,400명을 수용할 수 있는 규모라고 했다. 마당을 지나 비어가든 밖으로 돌아 나오니 양조장이 나왔다. 양조장 창 안쪽으로 구리로 만든 당화 솥과 발효통이 보였다. 오늘 하루 맥주 제조 작업은 마무리되었고 바닥엔 물기만 반짝거렸다.

이곳은 아우구스티노 수도원이었다. 1621년부터 맥주를 만들어 수도원 입구에서 팔았다. 지금으로부터 400년 전 일이다. 이를 기념하여 수도사들이 금식할 때 마셨다는 사순절 복비어와 크리스마스 복비어를 펍에서 팔았다. 복비어Bock-beer는 도수가 높고 영양이 풍부한, 수도사들의 음료였다. 맥주를 끼니가 아니라 음료로 분류했기 때문에 금식 기간에도 마실 수 있었다. 이 수도원 지하 펍에서 연중 판매하는 술은 옥토버페스트에 나오는 메르첸류의 맥주였다.

메르첸을 1ℓ 도자기 잔에 채우고 이번엔 좀 소란스러운 방으로 들어가 보았다. 안쪽 벽면 대형 스크린에서 유럽 챔피언스리그 축구 경기가 한창이었다. 축구 선수들이 공을 차고 돌파할 때마다 탄성과 환호가 교차했다. 그럼에도 맥주잔은 손에서 놓지 않았다. 홀 안은 사내들의 땀 냄새로 진동했다. 함께 술을 마시는 건지, 축구를 하는 건지 모를 지경이었다.

수도원 지하의 펍, 외부 빛은 하나도 들어오지 않고 아무리 소란스러워도 소리가 새 나가지 않는, 바깥세상이 밤인지 낮인지, 그곳에서 무슨 일이 일어났는지 알 수 없는 곳이었다. 한때는 기도 소리로 가득 찼을 지하 공간에 이제는 술을 마시면서 내는 온갖 소리로 가득 찼다. 기도하면 내 잘못을 용서받을 수 있고, 술 마시면 내 잘못을 잊을 수 있는 공간이다.

중세 유럽에서 페스트가 창궐했을 때 맥주는 생명의 물이었다. 세균과 바이러스의 존재를 몰랐던 시절, 물이 오염되어 병이 전염되는 줄 몰랐던 시절에 물을 끓여서 만들었던 맥주는 전염병을 피할 수 있는 생명수였다. 그래서 '때로는 술집 탁자 밑에서 운명의 거센 몽둥이질을 가장 쉽게 피할 수 있다네!'라는 술꾼의 말도 설득력을 얻었다.

내가 다시 잘츠부르크를 간다면, 할슈타트가 아니라 아우구스티노 브로이 때문일 것이다. 아우구스티노 브로이가 궁금하여 코로나 시절에 홈페이지를 들어가 봤더니, 현 상황을 실제 상황the actual situation이라고 묘사하며 펍 창에 "CLOSED!"라고 써 두었다. 아우구스티노 브로이도 운명의 거센 몽둥이질을 피할 수 없게 되었고, 나도 그 몽둥이질을 피해 다니는 상황이 되었다.

술의 종착역에서는 누가 기다리나

#가고시마 #흑초 마을 #쓰보바타케

술의 종착역은 식초다. '초醋'의 한자어를 살펴보면 '술 주酒'를 뜻하는 변에 '저녁 석昔'이 붙어 있다. 술의 저녁, 술이 저물면 식초가 된다. 초산균은 알코올을 영양분으로 삼아 초산을 만든다. 그래서 술이 만들어지는 곳에서 좋은 식초도 나온다.

일본 규슈 가고시마는 흑초와 고구마소주로 유명한 동네다.

흑초는 검은빛이 돈다. 곡물로 빚은 식초인데, 오래 숙성할수록 색깔이 짙어진다. 그래서 오래 숙성된 차별화된 곡물 식초의 의미가 흑초 속에 담겨 있다.

규슈 가고시마 시내에서 해안도로를 타고 가고시마만을 시계 방향으로 45km 따라가면 기리시마시 후쿠야마 마을의 쓰보바타케壺畑 흑초정보관이 나온다. 쓰보바타케, 항아리 밭은 식초 항아리가 끝없이 펼쳐지는 장면, 그 풍경 하나로 모든 것을 보여 준다.

◀ 항아리 속 검은 식초
▼ 가고시마현 기리시마시 후쿠야마 마을의 쓰보바타케 흑초정보관의 항아리

흑초정보관은 사카모토 양조장에서 운영한다. 이때 양조釀造는 술만 지칭하는 것이 아니라 간장이나 된장, 식초 따위의 발효 식품을 만드는 것도 포함된다. 사카모토 양조장에서 운영하는 레스토랑 창밖으로 수천 개의 항아리가 도열해 있었다. 매스게임에 동원된 학생들 같고, 열병식을 하는 병사들 같았다.

이 양조장 마당에 있는 항아리가 1만 2,000개쯤 된다. 항아리 밭 너머로 푸른 바다가 보이고 수평선이 펼쳐져 있었다. 그 수평선을 깨뜨리고 사쿠라지마 활화산이 희부연 화산재를 하늘로 피어 올렸다.

가고시마 흑초가 담긴 항아리는 한국의 항아리와 생김새나 질감이 달랐다. 항아리는 화병의 곡선을 닮아서 밑단은 좁고 어깨는 높고 넓은 편인데 입은 좁았다. 항아리의 어깨 부분에 네 개의 고리가 있는데, 이는 닫힌 뚜껑을 열지 못하게 고정시키는 끈을 매다는 용도였다. 간혹 들짐승들이나 바람이 항아리 뚜껑을 건들기도 하는데, 이때 열리지 않게 하려고 끈으로 묶을 때 사용한다. 항아리 겉면은 약간 갈색이 도는 밤색인데 유약이 발라져 있어 번들거렸다.

식초를 안전하게 보관하고 숙성시키려면 플라스틱이나 쇠보다는 천연 소재인 흙으로 구운 항아리가 더 적합할 터이다. 식초는 산도가 높아 플라스틱이나 쇠의 성분을 녹일 수가 있기 때문이다. 다만 항아리는 공기가 통하고 냉장하기가 어려워서 식초를 보관하기 어려운 요소도 지니고 있다.

후쿠야마 마을이 흑초 고장으로 특화된 것은 오래되지 않았다. 이 고장의 곡물 식초를 흑초라고 부른 것은 1975년 사카모토 양조장에서 처음이라고 하니, 흑초 시대가 열린 건 40년밖에 되지 않는다. 하지만 에도 시대 1800년경부터 이 마을에서 식초를 빚었다고 하니, 그 전통은 200년이 넘었다. 식초를 만들었던 전통이 새롭게 해석되어 흑초를 탄생시켰다.

후쿠야마 흑초와 같은 곡물 식초가 우리에게도 있다. 대표적인 게 막걸리 식초다. 흑초와 막걸리 식초를 비교해 보면 좀 더 식초를 이해할 수 있을 것이다.

막걸리 식초는 오래 두면 묵은내와 군내가 난다. 흑초도 마찬가지다. 흑초는 한발 더 나아갔다. 아예 현미를 재료로 쓰고 더 묵혀서 검은빛이 돌게 한다. 흑초를 만들려면 먼저 가을에 흑초용 술을 빚는다. 일본 누룩 코오지와 고두밥과 물과 효모를 섞어 술을 빚는다. 이때 일본 청주 제조 기법과는 달리, 진국振麴이라 하여 항아리에 담긴 술덧 위에 쌀누룩 한 줌을 엷게 덮듯이 뿌려 준다. 이 과정은 숙련된 장인이 담당할 정도로 중요하게 여긴다. 10일 정도 탄산가스가 발생하면서 알코올 발효가 진행되면 단맛 도는 향이 난다. 완성된 청주는 알코올 15~17% 정도 된다. 항아리에 든 술덧을 야외에서 6개월 이상 숙성시킨 다음에 여름이 될 무렵 식초 만들기에 들어간다. 걸러 낸 청주에 물을 타서 알코올 도수를 10% 이하로 낮추고, 이미 만들어진 곡물 식초를 부어서 산도를 높여준 뒤에 초균이 들어 있는 종초를 넣어 초산 발효에 집중하게 된다. 초산 발효가 진행될 때는 공기가 잘 들어가도록 매일매일 저어 준다.

초산 발효가 끝나면 항아리에 초를 가득 채우고 살균하지 않은

◆ 흑초로 향과 맛을 낸 흑초정식
◆ 흑초를 만들기 위해서 먼저 술을 빚는다. 원료의 배합 과정을 보여 주는 그림

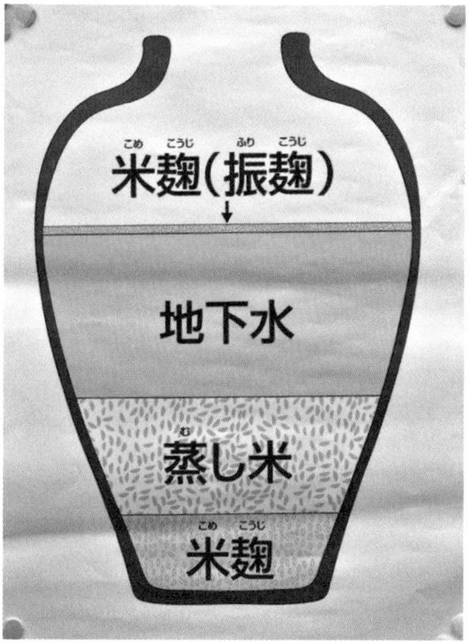

흰 연기가 피어오르는 사쿠라지마 활화산

상태로 밀봉해서 숙성시킨다. 짧게는 1년, 길게는 3년 동안 밭에 두고 숙성시켜 상품화한다. 숙성이 진행될수록 맛이 부드러워지고 색이 진해진다. 그리고 판매 가격도 올라간다.

가고시마현은 흑초 붐을 일으키기 위해서 여러 가지 노력을 했다. 국립대학이나 식품종합연구소와 연계하여 흑초에 관한 과학적인 연구 분석 자료를 내놓았다. 홍보관에는 1983년부터 이뤄진 90편의 흑초 연구 논문 목록을 게시해 놓고 있었다. 또한 흑초의 활용도를 높이기 위해 휴대용에서부터 음료용까지 다양한 상품을 개발해 놓았다. 초밥용, 드레싱용 등 흑초를 활용한 여러 가지 요리법도 책으로 내놓았다. 쉽게는 과일주스와 우유와 섞어 마셔도 좋다고 후쿠야마 마을의 흑초 전문점에서 적극 홍보하고 있었다.

가고시마 흑초가 유명해진 데는 활화산에서 분출되는 연기, 밭에 놓인 수만 개의 항아리, 3년 숙성된 깊은 맛, 마을의 전통적인 제조법, 흑초의 성분 분석 자료, 흑초 전문 매장과 레스토랑, 다양한 흑초 요리 레시피 개발, 용량이 다른 흑초 상품들, 음료용으로 개발된 과일 흑초 등 다양한 콘텐츠가 기여하고 있었다. 음식을 맛으로 파는 것이 아니라, 복합 문화로 판다는 것을 가고시마 흑초가 잘 보여 주고 있었다.

4장

술로 누리다

양조장이 딸린 아파트로 오실래요?

#브루클린 #데니젠 아파트 #막걸리 파티

뉴욕 브루클린에서 활동하는 젊은 디자이너 테리를 만났다. 그가 개최하는 파티에 초대받아 참석하게 되었다. 브루클린은 뉴욕 맨해튼과 지하철로 잘 연결되는 동네다. 브루클린이라면 맨해튼에서 밀려난 사람들이 사는 좀 음습한 곳인 줄 알았는데 그게 아니었다. 한국으로 치면 젊은 아티스트들이 활동하면서 빚어낸 힙hip하고 생동감 넘치는 이미지를 지니고 있었다. 테리는 브루클린에 있는 프랫 예술대학에서 산업디자인을 전공했고, 장난감 회사에서 약간의 경력을 쌓은 뒤 전시회와 공모전을 준비하고 있었다. 지난여름에는 로마에서 개최한 전시회에 인공지능 관련 디자인을 출품했다고 한다.

나는 테리에게 "이제 한국으로 돌아가 취업해야지?"라고 했더니, 그는 조금 머뭇거리면서 "뉴욕에서 경력과 경험을 더 쌓고 한국과 만나고 싶습니다"라고 했다. 그의 말에 떠나온 자의 쓸쓸함과 비

뉴욕 브루클린 막걸리 파티가 열린 공간, 데니젠

장함이 묻어 있었다. 그와 대화하면서 디자이너와 아티스트의 차이를 알게 되었다. 디자이너는 주문자가 나의 바깥에 있고, 아티스트는 주문자가 내 안에 있다는 것이다. 그는 주문자를 찾고 있었고, 디자이너로 일하는 한 그 일은 평생 이어질 것이다.

그가 준비한 행사는 '2019년 막걸리 파티'였다. 그와 함께 행사를 준비한 주얼리 디자이너 진솔은 지난해 친구들과 막걸리 파티를 열고 SNS에 올린 적이 있었다. 드레스 코드를 막걸리 톤의 하얀색으로 맞추고 막걸리 빚기 영상을 올렸다. 그 행사를 올해도 이어가 보자는 취지도 있고, 한국 술이 있다면 파티가 더 특별해질 거라 여겨

◇ 데니젠 아파트 1층에 있는 공유 맥주 제조장. 맥주 강좌도 열린다.
◇ 홈 파티에 나온 술들. 테리가 직접 빚은 술과 월매, 순희,
뉴욕에서 만들어진 토끼 소주, 웨스트32 소주까지

서 이날 파티가 기획된 것이었다. 그런데 테리가 막걸리를 직접 빚겠다고 마음먹은 게 파티를 일주일 앞둔 날이었다. 인터넷 유튜브로 막걸리를 배운 테리와 진솔은 뉴욕에 머물고 있던 내게 조언을 구했다. 다행스럽게도 막걸리는 순발력이 있는 술이다. 뉴욕 한식세계화재단 행사용으로 빚고 있던 술이 내게 있어서, 그 술의 일부를 밑술로 제공했다. 맨해튼 한인마트에서 멥쌀가루를 사서 백설기를 쪄서 덧술하는 방법을 알려줬다. 고두밥 대신에 백설기를 찌면 술 익는 시간을 단축할 수 있다.

막걸리 만드는 속성법을 가르쳐 줬더니, 테리가 나를 막걸리 파티에 초대했다. 나는 젊은 뉴요커들이 막걸리를 어떻게 즐기는지 궁금해서 기꺼이 참석하기로 했다.

파티는 금요일 저녁 시간에, 테리가 살고 있는 브루클린 데니젠 아파트의 공유 주방 겸 공유 양조장에서 열렸다. 아파트 1층에 들어섰을 때, 스키장 리조트 로비가 연상되었다. 로비와 이어진 휴게 공간에 디귿 자형 바가 있고 화려한 천장 조명 아래에 편안한 소파들이 놓여 있었다.

이제 막 인테리어를 끝낸 카페처럼 정갈했다. 유리 벽 밖으로 마당이 보이고, 마당 건너 또 다른 휴게실에는 어른용 그네가 여럿 걸려 있었다. 복도를 따라 안쪽으로 들어가니 공유 주방이 나왔다. 공유 주방이라고는 했지만, 주방이 딸린 넓은 레스토랑이었다. 놀라운 것은 그 안에 맥주 공방 설비가 갖춰져 있었다. 맥주는 두세 시간 끓여서 만들기에 끓임 솥과 여과 솥이 필요한데, 그 설비가 두 세트나 갖춰져 있었다. 맥주 장비 개인별 소품들을 보관할 수 있는 사물함도 있었다. 보관장 하나를 여니 스타산 소독약과 배관을 조이는 나사들이 보였다. 맥주를 따르는 탭이 설치된 작업대 아래에는 발효 공간으로 사용할 수 있는 냉온장 설비까지 갖추었다.

테리에게 "여기가 아파트야, 맥주 공방이야?" 물었다. 테리는 아파트 주민들이 이용할 수 있는 공유 공간인데, 셰프 키친Chef Kitchen, 비어 브루어리Beer Brewery, 와인 스토리지Wine Storage로 구분되어 있다고 했다. 그러면서 옆방 와인 스토리지를 보여 줬다. 아래쪽에는 와인 냉장고가 있고, 그 위쪽으로 벽면 전체가 와인 보관장이었다. 개별 와인을 보관할 수 있고 비어 브루어리에서 빚은 맥주를, 그리고 막걸리도 보관할 수 있다고 했다.

주민들은 이 공간을 사전 예약하고 이용할 수 있는데, 초대한 손님이 열 명을 넘지 않으면 무료고, 그 이상은 일정한 사용료를 내고 세 시간 동안 이용할 수 있다고 했다. 초대된 사람들은 테리와 진솔의 디자이너 친구들, 그 친구들이 초대한 또 다른 친구들, 테리가 아파트 홈페이지에 공지하여 초대한 주민들까지 해서 50여 명이었다. 제법 많은 사람이 초대되었다.

나는 젊은 뉴요커들의 행사에 참여해 낯설고 특별한 장면 몇 가지를 보았다. 가장 인상적인 것은 테리의 술 상표였다. 테리는 디자이너답게 파티를 열면서 직접 빚은 술에 이미지를 부여하고, 그 이미지를 상표로 만들었다. 테리는 파티가 그냥 놀고 즐기는 자리가 아니라,

테리가 디자인한 상표가 붙은 막걸리 병

주제가 있고 그 주제를 구현한 이미지가 있으면 손님들이 더 집중하고 많이 찾아온다고 했다.

테리가 만든 막걸리 상표를 보았다. 상표에는 막걸리에 들어가는 재료인 쌀은 이삭이 달린 벼로, 누룩은 둥근 달로, 물은 떨어지는 빗방울로 표현되어 있었다. 한국적인 이미지로 기와집과 호리병도 있었다. 많은 요소가 있어 복잡할 법도 한데, 선을 잘 활용하여 깔끔하게 정리되었다. 테리는 이 상표를 이용하여 포스터까지 만들어 출입문에 붙여 두었다.

테리에게 디자인 의도를 물었더니 술 상표도 되지만 벽에 붙이면 독립된 일러스트 작품이 될 수 있도록 만들었다고 했다. 한 편의 시가 읽는 사람에 따라 각기 달리 해독되듯이, 그 디자인이 어디에 있느냐에 따라 상표도 되고 작품도 되게 만든 것이다. 디자이너에게 아티스트다운 요소를 가르친다는 프랫 출신다운 디자인이었다.

파티는 저녁 8시가 넘어서야 시작되었다. 그런데 시작의 경계가 불분명했다. 주문한 음식은 뒤편 바에 놓이고, 마실 술은 앞쪽 바에 놓였는데, 사람들은 탁자가 있는 의자에 앉질 않고 모두가 선 채로 술잔을 들고 대화를 나눴다. 왜 앉지 않느냐고 한 친구에게 물었더니, "온종일 앉아서 일하잖아요, 선 게 편해요"라고 했다. 그런데 그 말로는 이해되지 않았다. 의자가 있는데도 앉질 않는다니, 한국의 풍경과는 너무 달랐다. 우리는 양반다리를 하고 앉거나 좌식 문화가 익숙하지만, 저들은 바 문화가 익숙해서 저럴까 하는 생각도 들었다. 그 궁금증을 푼 것은 누군가 "앉아 있으면 더 이상 새로운 사람과 대화하지 못하잖아요. 서 있어야 끊임없이 새로운 사람과 만나서 이야기할

막걸리 파티의 즐거운 순간, 참석자들과의 기념촬영

수 있죠"라는 말을 듣고서였다. 그러고 보니 그들은 한자리에 서 있는 게 아니라 끊임없이 움직이고 있었다. 때로 탁자에 술잔을 내려놓고, 두 팔을 벌리고 손바닥을 펼치면서 역동적인 몸짓으로 말하고 있었다. 앉아 있으면 오지 않는 기회였고 볼 수 없는 동작이었다. 테리는 이날 온 손님이 50명이 넘는데 10명 정도만 알고 나머지는 처음 만난 사람들이라고 했다. 끊임없이 다문화가 섞이는 뉴욕에서 파티가 얼마나 유의미하고 소중한지를 보여주는 현장이었다.

파티에서 음식이 중심에 있지 않은 것도 인상적이었다. 우리는 손님을 초대하면 음식을 부족하지 않게 풍성하게 준비해야 한다는 강박에 사로잡힌다. 그래야 서운해하지 않고 제대로 된 대접이라고 안도한다. 그래서 집에서 치르는 손님맞이는 음식 준비에서 음식 대접으로 끝나는 경우가 많다. 그것은 모두의 파티가 아니라, 음식 준비하는 사람의 희생으로 귀결되고 만다. 젊은 뉴요커의 파티에서는 음식이 중심에 있지 않았다. 뒤쪽 바에 배달 음식, 떡볶이와 김치전과 갈비, 치즈를 토핑한 얇고 큰 뉴욕 피자, 겉은 바삭하고 속은 촉촉한 타이의 스프링롤, 중국식 만두가 있었다. 주문한 음식은 이날 참석한 사람들의 자율적인 회비로 충당되었다. 회비를 담는 통은 한쪽에 작게 웅크리고 있었다.

이날 파티에서 가장 화려한 것은 음식이 아니라, 참여한 서로의 존재였다. 여배우처럼 등이 깊게 파인 원피스를 입고 참석한 이들도 있었고, 막걸리 톤의 하늘하늘한 흰옷을 입고 온 이들도 있었다. 전문 남성 모델 한 사람은 촬영장의 여장 차림 그대로 참석해서 모두의 주목을 받기도 했다. 나이의 경계는 없어서 디자이너인 진솔은 대학 동창도 초대했지만, 예전 다니던 회사 대표를 초대하기도 했다.

그러다 보니 이날 파티에서는 음식보다도 술이 더 주목받았다. 술은 상대에게 따라 주기도 하지만, 음식은 뷔페식으로 놓여 있기만 할 뿐이었다. 일부러 음식에 집중하지 않도록 만든 사교장이라는 생각이 들었다. 술은 대화하면서 목을 축이며 마실 수 있는데, 음식은 입을 크게 벌려야 하고, 고개를 많이 숙여야 하고 또 오래 씹어야 하니 대화를 방해하는 요소다. 파티가 저녁 8시에 시작되는 것도 식사를 제공하지 않는 신호이기도 했다. 이날 파티장은 서로 어울려 말하느라고 음악 소리조차 묻힐 정도였다.

마지막으로 테리가 원룸 스튜디오에서 애지중지 빚었던 막걸리 맛을 평해야겠다. 무감미료로 덤덤했고, 개성을 부여하느라 누룩 향이 짙었고, 발효가 조금 덜 되어 묵직했고, 그리고 쌀의 입자감이 부드럽게 돌았고, 원주에 물을 적게 타서 알코올 기운도 쌉싸래하게 돌았다. 파티에 참석한 이들로부터 "진짜 테리가 만든 거야?"라고 놀라며 칭찬받는 모습을 보았다.

막걸리 병을 들고 기념사진을 찍기도 하고 웃음꽃을 피우며 늦도록 파티가 이어졌다. 테리가 디자인한 막걸리 상표에는 노란 달이 뜨고, 오방색이 들어가고, 한국적인 문양과 선들이 들어 있다. 나는 한국에 돌아가서 테리가 만든 상표로 막걸리를 만들어 봐야겠다고, 다짐했다.

일본 술의 고향,
고베 나다 거리를 걷다

#정종 #코오지 #미야미즈

일본 사케의 제일가는 동네로 고베의 나다灘를 꼽는다. 이에 대한 이견은 없어 보인다. 고베 나다는 오사카시의 서쪽에 위치하고 물길로 교토까지 이어진, 오사카만의 북쪽 해안에 있는 항구 도시다. 고베 나다의 상권과 주조업이 발달하게 된 것은 에도 막부의 3대 쇼군將軍 도쿠가와 이에미츠가 1635년 참근교대參勤交代 제도를 시행하면서다. 참근교대는 각 번의 영주인 다이묘들에게 1년 주기로 에도와 자신의 영지를 오가게 하고, 에도를 떠나 있더라도 정실부인과 아들을 상주시키는 제도로, 이로 인해 에도의 인구가 급증하고 소비 도시로서 번성하게 되는데, 그 덕을 나다의 주조장들이 톡톡히 보게 된다.

효고현에 70개가 넘는 사케 제조장이 있는데, 그중 30개 정도가 나다에 자리 잡고 있다. 고베 나다의 부둣가 동쪽에서부터 서쪽까지 4km 구간에 하마후쿠쓰루 긴조공방浜福鶴吟醸工房, 사쿠라 마사무네櫻

고베 나다에 마을 향(鄕)이 붙은 동네가 다섯 개라 '나다고고'라 부른다.

正宗, 기쿠 마사무네菊正宗, 겐비시 주조劍菱酒造, 하쿠쓰루 주조白鶴酒造, 이즈미 주조泉酒造, 고베 슈신칸酒心館, 사와노쓰루澤の鶴가 줄줄이 이어져 있다.

4km 구간에서 한번은 서쪽의 사와노쓰루에서부터 답사를 시작했는데, 기쿠 마사무네 정문까지 도달하니 마감 시간이 되어 입장할 수가 없었다. 다른 한번은 동쪽의 하마후쿠쓰루에서 시작했더니 하쿠쓰루에서 여정이 끝나고 말았다. 그렇다고 하루에 여덟 곳을 모두 돌아볼 필요는 없다. 시음 판매, 주조 유물 전시, 주조장 홍보로 이어지는 내용이라 서너 군데를 돌아보면 엇비슷하다는 생각이 들기 때문이다.

우리는 코로나가 끝나고 처음 나선 술 기행에서, 1박 2일 일정으로 하마후쿠쓰루 긴조공방, 사쿠라 마사무네, 기쿠 마사무네, 하쿠쓰루 주조, 사와노쓰루, 고베 슈신칸까지 여섯 곳을 둘러보았다.

주조장 동네는 고베의 도심에서 12km 정도 떨어져 있다. 이 동네를 '나다고고灘五鄕'라 부르는데, '마을 향鄕' 자가 붙은 다섯 개 동네가 나란히 붙어 있어서다. 그래서 자연스럽게 일본 제1의 술의 고향이라는 칭호도 붙었다. 나다고고에서 1330년 전후로 사케를 만들기 시작했다는데, 번성하기는 에도 시대가 시작된 1600년대에 이르러서다. 이 무렵에 창업한 사쿠라 마사무네(1625년), 기쿠 마사무네(1659년)가 여전히 술을 빚고 있고, 현재 일본 사케 매출 1위를 하는 하쿠쓰루도 이 동네에 있다. 효고현이 일본 사케 최대 생산 지역이 된 것은 나다고고가 있어서 가능한 일이다.

나다고고의 주조장들은 주조 유물 전시관들을 잘 운영하고 있었다. 좋은 술맛을 지킬 수 있는 비결이 오랜 전통과 역사를 유지해 온 결과라는 것을 전시관을 통해서 보여 주었다.

술은 문화, 사와노쓰루 자료관

일본에서 처음으로 주조장 유물 전시관을 만들어 공개한 곳이 나다고고의 사와노쓰루 자료관이다. 1717년 설립되어 14대째 가업으로 잇고 있는 니시무라 다카하루 씨는 1978년 당시에 "주조업은 기업이고 산업이지 문화가 아니다" "문화는 돈이 되지 않는다"라는 부정적인 분위기 속에서 주조 문화에 관심을 갖고 사와노쓰루 자료관을 만들어 공개했다. 사와노쓰루 2층에 올라가면 목통을 만들던 칼이나 끌과 같은 연장, 제작 순서와 부품들을 꼼꼼하게 전시한 것도 그런 안목에서 가능한 일이다. 코오지무로(누룩실)도 실감 나게 재현되어 있는데, 온습도를 조절하기 위해서 나무 벽이 두껍고 천장이 낮으며 통풍을 위해 긴 바람통이 지붕으로 연결되어 있었다. 지금 바로 이 방 안에서 코오지를 만들어도 좋은 제품이 나올 수 있을 만큼 시설이 잘 갖춰져 있었다. 이 자료관의 영향을 받아, 나다고고 주조장들이 주조 문화를 소중하게 여기는 것을 배운 듯했다.

편한 견학로, 하마후쿠쓰루 긴조공방

주조장을 돌아본다면, 술 시음도 좋지만 술 빚는 모습을 보는 것이 훨씬 더 현장감 있고 좋다. 시음이야 어느 주조장을 가더라도, 아니 그곳을 가지 않더라도 할 수 있다. 나다고고에서 주조 현장을 가장 편안하게 언제든지 볼 수 있는 곳이 하마후쿠쓰루 긴조공방이다. 하마후쿠쓰루 주조장은 1층엔 시음 전시 판매장과 제조장이 있고, 중앙 계단을 따라 2층으로 올라가면 견학로가 있고 통유리창으로 1층 제조장의 설비와 작업 환경을 내려다볼 수 있다.

하마후쿠쓰루에서 우리를 안내한 이는 주조장에서 68년 근무

사와노쓰루 자료관의 누룩실 모습

한 85세의 미야와키 미지 씨였다. 주조장에서는 2021년에 미지 씨를 위해 66년 근속한 기념주를 한정 출시하기도 했다. 유쾌한 미지 씨는 해설 영상 속에서도 캐리커처로 등장했다. 미지 씨는 니혼슈가 원료 처리에서부터 여과까지 2개월이 걸리고, 새 술이 나오면 주조장 입구에 초록색의 둥근 스기다마가 걸리고, 스기다마의 색이 누렇게 변하면 술도 그만큼 숙성되어 간다고 소개했다. 그러면서 요즘은 기계가 술을 빚고 온도 조절도 컴퓨터가 한다고 했다. 미지 씨는 마감 시간에 쫓기면서도 우리에게 주조장에서 술덧을 저을 때 부르던 노동요를 들려주었다. 둘씩 짝을 지어 박자에 맞춰 술을 젓는데, 시계가 없던 시절에 시간을 재기 위한 수단으로 노래를 불렀다고 한다. 미지 씨는 긴조 공방의 1층에서 이뤄지는 작업들, 원료 처리에서부터 발효 숙성하고 여과하는 모습들을 2층 유리창 곁에서 소개해 줬고, 발효실을 지날 때는 사케 향을 맡을 수 있는 향기 버튼도 눌러 우리를 즐겁게 했다.

정종의 원조, 사쿠라 마사무네

세 번째로 찾아간 곳은 1625년에 창업한 사쿠라 마사무네다. 사쿠라 마사무네의 정문은 안채에 비해 거대하고 어색해 보였는데, 1995년 한신 대지진 때 다 무너지고 대문만 남아서 그렇다고 한다. 마당에 들어서니 오래된 벚나무가 있고 커다란 나무 솥이 한쪽에 놓여 있었다. 1층에는 술 판매장이 있고, 2층에는 조촐한 유물 전시관과

100석이 넘는 식당 사쿠라엔櫻宴이 자리했다. 메뉴에는 사케가 들어간 나베 요리도 있는데, 1,800엔짜리 점심 요리는 하루 20인분만 팔았고, 저녁 요리는 점심보다 두세 배 비싸므로 단체 여행객이 찾아가 식사하기에는 여의치 않았다. 두셋이 함께 여행 오면 동네 사람들에 섞여서 한 끼 식사를 즐길 만한 곳이었다.

주조장을 찾아가면 생주를 맛볼 수 있다. 사쿠라 마사무네의 생주

마사무네, 정종正宗은 일본 술의 대표 브랜드 중 하나인데, 한국에서는 일본 사케의 대명사로 오래도록 불려왔다. 이 정종이라는 말을 처음으로 쓴 주조장이 바로 사쿠라 마사무네다. 지금은 11대 당주 야마무라 다자에몬이 대표로 일하는데, 마사무네를 처음 쓴 사람은 1840년대 6대 당주인 야마무라 다자에몬이다. 6대 당주는 친교가 있던 서광사瑞光寺의 주지가 머물던 암자를 방문했는데, 그곳에서 임제정종臨済正宗이라고 적힌 경전을 보았다. 정종의 일본어 음독은 세이슈せいしゅう인데, 청주清酒, せいしゅ와 발음이 상통하여 정종을 술 이름으로 삼고, 훈독하여 마사무네まさむね라고 읽었다. 그 평판이 좋아서 마사무네를 다른 주조장에서 청주의 이름으로 따라 쓰게 되었다. 1884년 일본에서 상표 조례가 제정되

어 사쿠라 마사무네에서 상표 등록을 하려 했더니, 다른 곳에서도 많이 쓰고 있다며 등록을 받아주지 않았다. 그러면서 정종이라는 명칭이 흔하게 쓰이게 되었다. 일제강점기 때 정종 상표를 내세운 사케들이 한반도에서 많이 출시되어 알려지면서 정종은 한국에서 일본 술의 대명사가 되었다. 현재 일본에서 정종 이름을 단 술이 130개가량 되지만, 일본 술의 대명사로 쓰이지는 않는다.

6대 당주 야마무라 다자에몬은 천재적인 발상과 열정을 지녔고, 나다 사케에 영혼을 부여한 사람으로 평가받는다. 나다고고의 술맛이 좋은 것은 미야미즈라는 경수 때문이라고 말한다. 이 미야미즈를 발견하고, 술에 큰 영향을 미친다는 것을 증명한 이가 6대 당주 다자에몬이다. 당시 다자에몬은 고베에 두 개의 양조장을 가지고 있었는데, 똑같은 제조법이지만 나다의 니시노미야의 술맛은 좋고 다른 쪽은 좋지 않았다. 그 차이를 줄이려고 여러 방법을 써 보았지만 같아지지 않았다. 마지막에는 니시노미야 물을 가져다가 술을 빚었더니 비로소 술맛이 같아졌다. 물의 차이가 술맛의 차이로 이어진다는 것을 알게 되었고, 나다의 니시노미야西の宮 물을 줄여서 미야미즈宮水라는 말로 특화시켰다. 미야미즈는 롯코산에서 흘러내린 복류수로 인, 칼슘, 칼륨 등의 미네랄 성분이 풍부한 경수이며, 코오지균이나 효모의 영양분을 제공하여 술맛이 시원하고 산미가 있어 남성스러운 맛을 유도한다는 평가를 받는다. 그래서 미야미즈로 빚는 청주를 오토코자케男酒라고도 부른다.

사쿠라 마사무네 1층 매장에서 시음을 하고 협회 1호 효모를 사용하여 빚은 준마이 다이긴조純米大吟釀酒를 샀다. 일본은 효모를 분리하여 공급하는 것에 일찍이 관심을 둬서, 1907년부터 일본주조협회 효모라는 이름으로 주조장에 보급하기 시작했다. 그 첫 번째인 협회 1호 효모로 사쿠라 마사무네에서 사용하는 효모가 채택되었고, 이를 기념해 사쿠라 마사무네에서 협회 1호 효모를 이용한 기념주를 만들어 팔고 있었다. 주조장이 오래되다 보니 곱씹어 볼 수 있는 사연들이 많고, 그 사연들만큼이나 다양한 술이 개발되고 있는 현장을 보았다.

시간 없고 바쁘다면, 기쿠 마사무네

기쿠 마사무네는 사쿠라 마사무네에서 500m 떨어져 있어 바다로 흘러가는 마을 하천 하나를 건너면 나온다. 기쿠 마사무네는 일본에서 여섯 번째로 사케 생산량이 많은 주조장이다. 1659년 문을 열었고, 1877년에 영국으로 처음 사케를 수출하기 시작해 여러 나라에 사케를 수출하고 있다. 고베 나다를 찾아왔는데 시간은 없고 바빠서 한 곳만 보고 가야 한다면, 기쿠 마사무네가 괜찮다.

에도 시대 상급 무사의 저택 대문을 재현해 놓은 기쿠 마사무네 기념관에 들어서면, 마당에는 늘어진 수양벚꽃이 버팀목에 의지해 있고, 키 낮은 동백꽃이 있고, 안쪽에 물레방아가 있다. 예전에 쌀을 도정할 때 물레방아의 동력을 활용했다. 목조건물 안쪽의 현관 홀에 들어서면, 벽면에는 커다란 주조장 현판이 걸려 있고, 대들보에 주조

축구 선수 이니에스타가 고베에서 선수 생활을 할 때 기쿠 마사무네의 모델로도 활동했다.

장의 상징물인 스기다마가 매달려 있다. 1층 양조 전시실에는 코오지실, 주모실, 쌀 씻는 곳, 발효실, 술 거르는 곳 해서 분리된 작업 공간에 예전 사용하던 나무로 된 양조 설비들이 가득 들어차 있었다. 영상홍보관이 따로 있어서 그곳에서 10분 정도 앉아 주조장 소개와 주조 과정에 대한 영상을 보고, 2층에 올라가니 술통을 가득 싣고 바다를 누비던 범선의 모습이 잘 소개되어 있었다. 항구 도시 나다의 주조장이 번성할 수 있었던 것은 해운을 통해서 멀리 내다 팔 수 있었기 때문이다. 일본 술이 숙성되고, 맑아진 것도 유통 과정에서 변질을 최소화하기 위해서였다. 우리는 주막을 중심으로 소비되어 술이 이동할 필요가 없었다면, 일본은 해운을 통해서 술이 멀리 이동하다 보니 청주의 수요가 더 필요했다. 한국엔 막걸리 제조장이 많고, 일본은 청주 제조장이 많은 것은 그런 문화의 차이 때문이다. 일본 청주를 목통에 담은 것도, 술을 배에 실어야 하니 깨지기 쉬운 항아리나 도자기보다는 가벼운 목통이 더 유리했다.

기쿠 마사무네를 포함하여 나다의 주조장들은 첫 번째가 코오지麴, 두 번째는 주모酛, 세 번째로 빚기造り를 중요하게 꼽는다. 술의 시작이 되는 누룩과 주모를 중요하게 여긴다는 것인데, 이제는 일본 술을 빚는 모든 곳에서 하는 이야기가 되었다. 그래서 코오지나 주모를 강조하는 것을 고베 나다만의 특징이라 말하긴 어렵다. 하지만 양조용 쌀인 야마다니시키山田錦를 고베가 속한 효고현이 개발했다는 사실은 특기할 만하다. 현재 일본 청주를 빚는 데 가장 많이 쓰이는 양조벼가 야마다니시키다. 이 양조벼가 1923년 효고현의 농업시험장에서 야마다호山田穂와 단칸와타리부네短稈渡船를 교배하여 개발되었다. 쌀알이 커서 도정하기 좋고, 단단하여 잘 부서지지 않고, 쌀알의 중심에 심백이 커서 전분 함량이 높다는 특징을 지니고 있다. 고베에서 야마다니시키라는 말이 유난히 눈에 띈 것은 이 지역의 쌀이면서, 전국적인 명성을 얻은 양조벼라서 그랬다.

넘버원, 하쿠쓰루 주조

고베 나다에 왔으니 하쿠쓰루 주조를 지나칠 수가 없다. 명실상

부하게 현재 일본 사케 매출 1위를 기록하고 있는 주조장이다. 1743년에 창업했고 직원이 400명이 넘는다. 고베 나다의 자료관은 주조장 본점 2호점을 개조하여 만들었다. 마당 안까지 버스가 들어갈 수도 있다. 매장 안을 들어가자 일본 사케 판매 1위를 기록하고 있는 히트 상품 하쿠쓰루(백학) 마루가 전시되어 있었다. 보통주로 가격이 저렴하고, 맛이 담백하고 깔끔하며 알코올 도수도 13.5%로 순해서 인기를 끌고 있는 술이다. 어디를 가나 최고 많이 팔리는 술은 가성비가 좋은 술이다. 전시관의 양조하는 인형들도 사람 크기이며, 공간도 넓어서 전시물들을 시원스럽게 배치했다.

하쿠쓰루는 2006년 도쿄 긴자에 주조장을 개설하여 도시인들과 소통하는 마케팅도 진행하고 있다.

시음 판매장에 들어오니 다양한 사케들이 눈에 띄었다. 주정이 들어가지 않는 순미주나, 천연 효모를 활성화한 전통적인 기모토生酛 제법의 술들이 강조되어 있었다. 매장의 전면에는 관광객을 겨냥한 매실, 유자, 복숭아 따위의 과즙을 섞어 달콤새콤하게 만든 과일 사케들이 배치되어 있었다. 다양한 사케를 시음하면서 시절이 변했고, 고객의 취향도 변했고, 술도 변했다는 생각이 들었다.

하쿠쓰루에서는 야마다호와 단칸와타리부네를 다시 교배시켜 약 8년간의 품종 개량을 거쳐 야마다니시키의 형제 쌀에 해당하는 하쿠쓰루니시키白鶴錦를 만들어 냈다고 홍보하고 있었다. 이 품종은 야마다니시키에 비해 심백이 더 크고 단단하여 쌀알이 부서지지 않고, 벼의 키가 작아 강풍에도 잘 쓰러지지 않아서 재배도 더 쉽다고 한다.

새로운 맛, 차별화된 맛을 추구하기 위해서 원료의 품종 개량까지 시도하는 모습이 인상적이었다.

고베 나다가 일본 제1의 술의 고향이라지만, 세태에 따라 변하고 살아남기 위해 도모할 수 있는 모든 것을 시도하고 있는 듯했다. 사케를 국가 브랜드로 부상시키고 일본 안에서 일본 원료로 빚는 술은 세이슈와 분리하여 니혼슈라 따로 부르면서,* 내수와 수출을 진작시키는 모습에서 절박함도 느껴졌다. 지금만 그런 것이 아니라 옛날에도 그랬을까? 나다는 '물결 탄灘'을 이르는 말이다. 나다는 애초에 물결이 어지럽게 치는 곳이라 붙여진 이름이니, 그 어려움 속에서 끊임없이 생존경쟁을 하는 곳인 것 같다는 생각을 하며 고베 나다 거리를 걸었다.

* 일본은 2022년에 술을 빚는 데 사용되는 균주를 유네스코 무형문화유산으로 신청해 놓았다. 일본은 맑은 술을 청주, 세이슈(淸酒)라고 불렀다. 그러다가 2015년 12월 25일부터 국가 지리적 표시제를 통해 일본 쌀로 일본 안에서 빚은 청주를 니혼슈(日本酒)라 따로 표기하는 제도를 도입했다. 청주는 수입 쌀이나 해외 현지에서 빚어지는 제품을 포괄하는 개념으로 사용하고 있다.

노신이 불러낸 알코올 중독자 쿵이지

#소흥주 #함형주점 #여아홍

누가 내게 명주가 무엇이냐고 물으면 세 가지를 꼽는다. 지역구가 분명한 술, 감미료가 들어가지 않는 술, 이야기가 담긴 술이다.

중국 저장성의 소흥紹興, 사오싱은 황주의 대명사로 불리는 소흥주로 유명한 동네다. 황색이 돌아서 황주인데, 검은빛에 가까운 간장이나 콜라 색이 돈다. 장향형의 마오타이와 함께 장 냄새가 나는 대표적인 중국 술로 꼽힌다. 장 냄새라니? 한국 술에서 이런 냄새가 나면 "술이 썩었다!"라는 소리를 듣는다. 오래 숙성하면 올라오는 향으로 한국에서는 100일 동안 발효하고 숙성까지 해서 내놓는 한산 소곡주에서 곧잘 잡히는데, 결코 익숙하지 않은 낯설고 거북한 향이다.

소흥에 갔을 때도 장내는 어디에서 나고, 중국인들은 왜 그 냄새를 즐길까 궁금했다. 그런데 아침 산책길에 그 이유를 알 수 있었다. 호텔 문을 나서 8차선 큰길 옆 인도를 걷는데, 장내가 아침 안개처럼 밀려왔다. 요릿집이 주변에 있는 것도 아닌데, 장내가 길거리 곳곳에 묻어 있었다. 중국인들에게 익숙한 향기구나, 익숙하니까 술마저도 장향을 받아들이고 있구나 하는 생각을 했다.

소흥에서 소흥주를 즐기는 명소 중 하나로 함형주점이 있다. 함형주점의 음식 맛이 예전 같지 않더라는 이야기도 있지만, 함형주점은 함형주점이다. 함형주점의 술잔이나 수저에는 1894라는 글자가 적혀져 있다. 1894년에 창업했다는 이야기다. 그렇지만 지금 모습이 100년 전 그대로는 아니다. 오늘의 함형주점을 있게 한 것은 작가 노

관광객이 많이 찾아오는 노신고리

⌃ 함형주점 앞의 회향콩을 들고 있는 쿵이지 동상

신魯迅(1881~1936)의 소설 「쿵이지孔乙己」 때문이다. 「쿵이지」는 원고지 30매 정도에 지나지 않는 짧은 소설이다. 열두 살짜리 1인칭 주인공을 내세워, 함형주점의 단골인 쿵이지에 대한 이야기를 20여 년이 지나서 기억나는 대로 적은 내용이다.

쿵이지가 들락거린 함형주점은 노신이 살았던 동네, 노신고리魯迅古里에 있다. 주점 앞에는 쿵이지 동상이 높은 탁자에 팔을 얹고 서 있다. 노신은 소설 속에서 쿵이지를 "키가 컸고 창백한 얼굴에 주름살 사이로 늘 상처가 나 있었으며 희끗희끗한 수염이 마구 헝클어져 있었다. 장삼을 입기는 했지만 더럽고 너덜너덜한 것이 적어도 10년은 깁지도 않고 빨지도 않은 것 같았다"라고 묘사하고 있다. 함형주점 앞에 있는 쿵이지 동상은 앞이마가 훤하게 드러나 있고, 얼굴에는 인자한 미소가 흘렀다. 하지만 소설 속에서는 쿵이지가 인자하게 그려져 있진 않다. 쿵이지는 술집 손님뿐만 아니라 술집 주인에게까지도 놀림감이 되는, "글은 배웠었지만 결국 공부도 더 이상 계속하지 못하고 생계를 꾸려 갈 줄도 모르게 되었으며, 그리하여 갈수록 가난해져서 거지가 될 지경으로까지 몰락"한 인물이었다. 그는 장삼을 입은 손님 중에는 유일하게 노동자들과 섞여 가게 바깥쪽에서 따끈한 황주를 시켜 먹는 손님이었다.

동상 쿵이지는 손에 콩을 하나 쥐고 있다. 쿵이지가 함형주점에 들어서면 시켰던 "따뜻한 술 두 잔, 그리고 회향콩 한 접시"의 그 콩이다. 회향을 넣어 삶은 콩인데, 소금물에 삶은 죽순과 함께 술값 4문에 1문을 더하면 나오는 안주였다.

쿵이지는 술값을 마련하기 위해 도둑질도 서슴지 않고 다른 손님들에게 놀림감이 되더라도 화를 내지 않는 "술 마시기를 좋아하고 일하기를 싫어하는 나쁜 버릇"을 지녔다. 그는 술값을 마련하기 위해 도둑질을 하다가 다리가 부러지기도 했다. 그 뒤로 한동안 모습을 보이지 않다가, 어두운 밤에 손을 짚어 몸을 이끌고 나타나 따뜻한 황주 한 잔을 외상으로 마시고 돌아갔다. 그러고는 다시 나타나지 않았는데, 외상 술값 19문을 남긴 채였다. 소설은 그가 "분명히 죽었을 것"이라고 끝내고 있다.

본래 함형주점은 노신의 집안이 가세가 기울어지자 친척들이 합자해서 1894년에 창업한 술집으로, 노신의 당숙인 주중창이 책임을 맡아 운영했다. 하지만 주점은 잘되지 못했고 몇 년 지나지 않아 문을 닫았다. 함형주점이 쿵이지와 함께 모습을 드러낸 것은 1991년의 일이다. 관광 정책에 따라 노신고리에 조성되었고, 노신의 「쿵이지」와 소흥주가 만나는 관광명소가 되었다.

함형주점은 쿵이지 동상을 앞장세우고, 소설의 첫 문장 "노진의 주점 구조는 다른 고장과 달랐다. 한결같이 기역자 큰 스탠드가 길 쪽을 향해" 있는 구조를 지니고 있다. 소설 속에는 100년 전 소흥에서 황주를 즐겼던 방식도 잘 기록되어 있다. 황주를 데워 마시는데, 막일 하는 노동자들은 따뜻한 잔술을 주문하여 소금에 절인 죽순이나 회향콩을 안주 삼아 선 채로 마셨고, 장삼을 입은 신분 높은 사람들은 "거들먹거리며 주점 안채로 들어가서 술 가져와라, 안주 가져와라" 하며 느긋하게 앉아 즐겼다.

지금의 함형주점 안채는 여덟 명이 앉을 수 있는 사각 탁자가 여럿 놓여 있다. 탁자 두 개를 맞붙이면 열두 명이 앉을 수 있다. 소흥주 한 사발에 5,000원, 회향콩 한 접시가 2,000원 정도 한다. 우리는 소흥주 병술을 시켰다. 안주로는 말린 새우, 바싹하게 말린 두부, 푸른 야채 두 접시, 흰 살 닭고기, 삶아 낸 반건조 생선, 부드럽고 쫄깃한 돼지고기, 말린 회향콩, 소금에 절인 죽순, 고약한 냄새의 취두부도 놓였다. 병술을 잔에 따르니 영락없는 간장이다. 황주가 아니라 검황주라고 해야 맞을 듯했다.

우리는 채워진 술잔을 부딪치고, 잔을 부딪칠 수 없는 건너편에 앉은 이와는 술잔을 바닥에 탁탁탁 세 번 두드리면서 건배했다. 달여 놓은 탕약, 오래된 신약을 함께 나눠 마시는 기분이었다. 가장 어울리는 안주는 두부였다. 두부 요리가 세 종류 나왔는데, 절인 죽순과 함께 나온 부드러운 순두부, 두툼한 면처럼 썰어 자작한 국물과 함께 나온 취두부, 말려서 캐러멜 과자처럼 썰어 내놓은 두부가 소흥주의 강한 맛과 향을 입안에서 뒤섞으며 감칠맛을 더해 주었다. 가난했고 간절했던 쿵이지를 떠올릴수록 황주의 맛은 더 따뜻하고 포근해졌다.

▲ 함형주점에서 회향콩에 간장색과 향이 도는 소흥주를 마셨다.
▼ 노신이 거처했던 집의 침실

유리병에 담긴 소흥주, 쿵이지

소흥주를 마시면서 우리는 노신에, 노신 마을에, 노신 소설 속 주인공 쿵이지에 취해 갔다.

함형주점에서는 회향콩을 포장하여 팔고 소흥주 제조장의 하나인 고월용산에서 주문 제작한 '태조太雕'라는 술을 팔고 있었다. 그리고 황주의 대표 브랜드, 여아홍女兒紅도 붉은 단지에 담아 팔았다. 소흥에 살던 한 부인이 임신하고 아들을 바라는 마음에 정성 들여 황주 한 단지를 땅에 묻어 두고, 아들을 낳으면 친척들을 불러 잔치를 하려고 했다. 하지만 딸을 낳자 실망하여 묻어 둔 황주를 잊어버리고 말았다. 딸이 커서 시집을 가려 할 때 문득 그 술 단지가 생각나 열어 보았더니 술이 맛있게 숙성되어 있었다. 그래서 여아홍이란 이름이 생겼다. 여아홍은 오래 숙성된 황주로, 황주에 신비감을 더해 주는 브랜드다.

지역의 술이 긴 세월 속에 지역민들로부터 사랑을 받으면서 명주의 반열에 오른다. 그 인기를 얻는 과정에서 흥미로운 이야기도 더해진다. 황주는 바이주와 더불어 중국을 대표하는 술이다. 명주는 하루아침에 완성되는 것이 아니며, 술을 팔더라도 그 이야기를 함께 팔아야 한다는 것을 함형주점의 황주가 잘 보여 주고 있다.

요리와 술로 도시 재생 사업, 야타이무라

#가고시마 #고구마소주 #포장마차

일본 규슈 가고시마는 일본 소주 바람을 이끈 고구마소주 동네로 알려져 있다. 2005년에는 가고시마 본격소주本格燒酎, 혼가쿠쇼추를 지리적 표시 보호 품목으로 지정하여 지역 특산품으로 강화시키기도 했다.

고구마술은 우리에게도 있다. 고구마가 나니 고구마술이 있게 마련이다. 고구마를 많이 재배했던 남해안이나 서해안에서 고구마 막걸리를 빚어 먹었다. 고구마소주는 근자에 빚어지고 있는데 여주에서 고구마가 많이 생산되면서 국순당의 '려'와 술아원의 '필'이라는 고구마소주가 만들어지고 있다. 고구마는 보관이 쉽지 않다. 가을에 수확하여 겨울을 넘기기가 어렵다. 보관 온도가 15도 정도인데, 온도가 10도 이하로 내려가면 쉽게 상하고, 얼면 또 상해 버린다. 고구마로 주정을 만들기 위해서 일제강점기와 해방 뒤에 정책적으로 고구

가고시마 고구마소주 제조장. 술독이 땅에 묻혀 있다.

마 농사를 권장하기도 했다. 그렇지만 한국에서는 고구마소주가 하나의 주종으로 자리 잡지는 못했다.

일본은 곡물로 만들어진 쌀소주, 보리소주, 메밀소주보다도 고구마로 빚은 고구마소주의 인기가 더 높다. 일본 내 소주 시장점유율을 보면 우리와 달리 증류식 소주가 60%를 차지하여 희석식 소주 40%보다 높다. 증류식 소주 중에서는 고구마소주가 50%, 보리소주가 40%, 쌀소주가 5%를 차지한다.

고구마소주를 맛보기 위해서 가고시마 시내 밤거리를 거닐다가 '가곳마 후루사토 야타이무라鹿児島故郷屋台村'라는 현판을 단 술집 골목을 들어갔다. 가곳마는 가고시마의 사투리고, 후루사토는 고향을 뜻하고, 야타이는 지붕이 있는 이동식 작은 가게를 뜻하니, 번역하

야타이무라는 도시인을 위로하는 소박한 포장마차촌이다.

면 '가고시마의 향수를 느낄 수 있는 포장마차촌'이라 할 수 있다. 그런데 가고시마 야타이무라(포장마차촌)는 이동식이 아니라 정주식이었다. 큰 길가에 있지만 재개발이 애매한 공간을 재해석한 술집 거리였다.

야타이무라 안의 골목길은 넓어 봐야 네 명이 나란히 걸을 정도였고, 좁은 곳은 마주 오는 사람과 어깨를 스치며 걸어야 했다. 주점의 디자인이나 길가 설치물들이 마치 영화 세트장처럼 아기자기했다. 낮은 처마와 천장 위로 홍등과 장식등이 반짝이고, 미닫이 유리문을 열고 들어서면 디귿 자형의 바가 있고, 바에는 주인이 일본 드라마

〈심야식당〉의 마스터처럼 손님을 기다리고 있다. 주인은 1인 창업한 오너 셰프들이다.

스무 명이나 되는 우리 일행은 모두 함께 한 주점을 들어가는 것을 포기할 수밖에 없었고, 각자 흩어져 취향껏 야타이무라를 찾았다. 한 주점에 들어가 선생님께 강의를 듣기 위해 나란히 앉은 학생들처럼 등받이 없는 의자에 앉아서 술을 마시다가, 나는 야타이무라 골목을 둘러보기 위해 밖으로 나왔다. 야타이 골목 안은 주점을 들고나는 사람들로 소란스러웠고 장사도 잘되고 있었다. 야타이무라의 어떤 요소가 사람들을 불러 모으고 있을까?

보통의 포장마차촌은 산만하면서도 단조로운데 야타이무라는 제법 짜임새가 있었다. 포장마차라지만 이동식이 아니고, 골목 안 작은 집들을 개조하여 실내 포장마차로 만들어 두었다. 입구가 세 군데인데, 그 입구마다 '가곳마 후루사토 야타이무라' 현판이 걸려 있고, 주점을 알리는 홍등도 가지런히 걸려 있었다. 그중 한쪽 입구에는 고구마소주 제조용 목통 증류기가 전시되어 있고, 통로 안쪽에 포토존과 공용화장실, 야외 세면대도 있었다. 가고시마시에서 처음부터 기획하고 디자인한 술집 공간이었다.

야타이무라는 아기자기하고 정겨웠다. 야타이 골목 안에 들면 추억 속으로 거슬러 올라가는 듯해서, 마음이 편안하고 따뜻해졌다. 가볍게 한잔할 만한 포장마차의 정취가 잘 담겨 있었다. 주점에서는 가고시마 고구마소주를 팔고 있고, 제철에 나는 식재료로 요리한 향토 음식을 안주로 팔았다. 이에 대한 신뢰를 더하기 위해 매장들이 공동 선언문까지 내걸어 두었다. 선언문의 내용은 '첫째 가고시마 지역에서 나는 산물을 사용하여 맛있는 요리와 소주를 내놓고, 둘째 미소와 대화로 맞이하는데 가고시마의 구수한 사투리로 맞이하고 안내하겠으며, 셋째 메뉴 가격을 명확히 표기하여 정직한 계산으로 손님을 맞이하겠다'는 것이다. 그러고 나서 마지막에 '우리는 손님을 중심으로 대접하여 인정이 넘치는 인정 야타이人情屋台가 되겠다'고 선언하고 있었다. 지역에 대한 애정과 향수도 자극하지만, 서비스 정신으로 잘 무장되어 있음도 알렸다.

가곳마 야타이무라 안에는 모두 25채의 주점이 있는데 3~4평 정도 되는 공간에서 혼자서 또는 많게는 세 명이 함께 일하고 있었다. 내부에 여덟아홉 석이 있고, 문밖 통로 쪽으로 탁자를 한두 개씩 내놓아 손님을 더 받았다. 주점의 디자인은 흡사했지만, 주점에서 파는 음식은 달랐다. 가고시마 뱀장어집, 가고시마 흑돼지 요릿집, 가고시마 아마미 오시마의 향토 요리 닭밥집, 오스미 가노야 식재료를 쓰는 주점, 흑돼지 턱고기와 전갱이 고등어 요리를 내는 창작 향토 요릿집, 온천수를 이용한 샤부샤부집, 차와 흑초로 만든 먹이로 키운 방어 횟집 등 모든 주점이 가고시마 소주에 가고시마 식재료나 향토 음식으로 만든 안주를 짝지어 놓았다. 피자나 맥주, 와인을 판매하는 주점도 있지만 이곳의 안주나 식재료는 모두 가고시마산이었다. 가히 가고시마 식재료와 요리의 경연장이자 홍보장이라고 할 만했다.

주점을 운영하는 주인도 소주 소믈리에라는 젊은이가 있는가 하면, 중년 손님을 맞이할 노련한 주모도 있었다. 세대를 가리지 않고 손님을 받겠다는 뜻이었다. 이곳에서는 주인과 손님이 대화를 나누는 바 형태를 취하고 있고, 옆자리 손님들과도 자연스럽게 이야기를 나눌 수 있는 분위기였다.

주점 안의 메뉴판에는 가고시마 고구마소주뿐만 아니라, 공동 브랜드인 야타이무라 소주도 있었다. 공동 브랜드 술은 한 잔에 200엔으로, 일반 소주 350엔보다 저렴하게 팔았다. 공동 브랜드를 만들어 이곳을 차별화시키고 가격 경쟁력도 갖춰 놓은 셈이다.

야타이무라는 사람들이 많이 지나다니는 목 좋은 곳에 자리 잡고 있는 것도 장점이었다. 가고시마 중앙역 동쪽 출구에서 5분 거리, 중앙역 건너편에 위치해 있었다. 야타이무라 바로 앞에는 택시들이 늘 대기하고 있어서 술 마시고 집에 돌아가기도 편했다.

도심 낡은 건물 사이에 자리 잡은 야타이무라는 비좁지만 정겹다.

무엇보다 야타이무라는 재미있었다. 주점들이 유리창에 온갖 메뉴를 적어 놓고, 이벤트 행사도 공지하고, 선언문도 걸어 두어 시끌벅적했다. 풍성한 지역 특산 안주와 수다스럽고 자부심 가득한 주인은 언제든지 손님의 흥을 돋우어 줄 테고.

야타이무라는 공적인 기능도 수행하고 있었다. 술집이 즐비해서 흥청망청, 감정만 쏟아 놓는 곳이 아니라 지역의 정보를 교환하는 장소로 활용되었다. 길가 쪽으로 관광 안내소가 있고, 소주 홍보관 기능을 하는 곳도 있었다. 그리고 지역 축제를 안내하는 홍보물이나 깃발이 눈에 잘 띄는 곳에 자리했다.

가곳마 후루사토 야타이무라는 2012년 4월 26일에 시작되었다. 설립 목적도 분명했다. 가고시마의 음식과 소주 문화의 발전에 공헌하고, 가고시마 중심 상권을 활성화하기 위하여, 가고시마의 관문에 손님을 환대하는 공간을 마련하려고, 젊은 기업가를 육성하려는 목적으로 기획된 공간이란다. 운영은 NPO법인 가고시마 구르메グルメ 도시기획에서 하고 있다. 법인에서는 언론 홍보, 홈페이지 관리, 이벤트 기획, 입주자 모집, 세입자 회의 주관, 방범 소방 보건 위생 관리, 공용 화장실 관리, 가고시마 관광협회와 JR 규슈 등과 연계하여 재료와 음료 구입에 관여하는 등 운영 전반을 진행한다. 겉에서는 보이지 않지만, 야타이무라가 안정되게 운영될 수 있는 다양한 노력이 이뤄지고 있었다.

야타이무라 공간은 주기적으로 운영자를 공개 모집하는데, 더 많은 일자리를 창출하려는 목적이다. 야타이무라에 입점한 주점은

3년 계약으로 들어와 있다. 3년 계약이 끝나면 새로 공개 모집을 통해서 25군데를 선정한다. 창업 보육 공간이며, 성장하면 분가하고 새로 창업자를 들이는 순환 구조를 만들어 두었다.

술을 찾아 나선 여행자의 밤은 호기심과 기대감으로 즐겁고 유쾌하다. 저녁에 숙소에 짐을 풀고 가벼운 옷차림으로 마치 동네 사람처럼 슬리퍼를 끌고 거리에 나서는 것도 묘미다. 낯선 이국의 밤거리에 나 자신을 밀어 넣는 것이야말로 여행의 큰 묘미다. 이때 술 한 잔이 빠질 수 없다. 그 술도 기호대로 여러 가지를 골라서 맛보고 싶다. 술집도 많이 모인 곳에서 골라 들어가고 싶다. 가곳마 후루사토 야타이무라는 그런 관광객들의 욕망을 충족시켜 주는 공간이었다.

맥주를 배우러 슬로베니아로 가다

#이스탄불 #벨라크라이나 #비지르 브루어리

맥주 창업을 앞둔 H는 작은 제조장을 기획하고 있었다. 창업계획서를 내게 보여주며 한국에서 가장 아담하면서도 예쁜 맥주 제조장을 만들고 싶다고 했다. H는 해외 생활을 15년이나 하면서 여러 맥주 공방을 보았고, 분당에서 공방을 운영하며 실험 양조도 해서 맥주 창업의 문턱을 막 넘고 있는 상황이었다. 그가 내게 맥주 장비들을 보여주면서, 그 장비를 사러 유럽을 가야겠다고 말했다. 장비는 아담하고 깔끔한 데다 밑에 바퀴가 달려 이동하기 편하고, 자동 제어 장치가 달려 있었다. 가격도 부담스럽지 않았고, 새로운 장비를 통해서 새로운 양조 공간을 만들어 낼 수 있겠다는 기대를 하게 했다. H는 장비를 직수입하려다 보니 사용법을 알아야 했다. 마침 장비 제조 회사 쪽에서 H에게 회사를 직접 방문하면 브루어리를 연계시켜 실전 사용법을 가르쳐 주겠다고 했다. 그래서 나는 맥주 빚는 법도 배울 겸 H와 함께 맥주 장비를 사러, 동유럽 슬로베니아를 찾아갔다.

이스탄불 페일 에일

비행기 표가 두 장이었다. 직항 노선이 없어서 튀르키예 이스탄불에서 경유해 슬로베니아의 수도 류블랴나로 들어가야 했다. 이스탄불에서 하룻밤을 머물기까지 하니, 여행을 좋아하는 나로서는 뜻밖의 선물을 받은 기분이었다. 이스탄불 공항은 무척 붐볐다. 천장이 유난히 낮아 보이고 사람들이 많아서 마치 축구 경기장을 함께 빠져나가는 듯했다. 그렇게 사람에 떠밀려 공항 택시 정류장까지 나왔다. 튀르키예 화폐로 환전을 하고, 호텔행 버스를 찾는데 30분 뒤에야 온다고 했다. 교통비보다는 시간을 아끼고 싶어서 택시를 타고 호텔로 향했다. 택시 기사는 미터기도 누르지 않았다. 30튀르키예 리라라고 흥정했다. 택시는 도로 위를 마구잡이로 달렸다. 기사는 옆 택시 기사와 창문을 열고 대화하면서 달리기도 했는데, 목청이 어찌나 크던지 경적을 울리며 달리는 것 같았다.

호텔에 다다라 택시에서 내리려는데, H가 당혹스러운 표정으로 나를 보았다. 분명 50리라를 줬는데, 운전사의 손 위에는 5리라가 있었다. H는 5리라를 환전한 적이 없었다. 돈을 받은 운전사의 왼손이 잠깐 사이 접혔다가 펴지더니 마술처럼 50리라가 5리라로 바뀐 것이었다. 어이없어 헛웃음만 나왔다. 말이 통하지 않으니 싸울 수도 없

^ 택시 기사가 떠난 뒤에 보였던 이스탄불 사원

고, 경찰서에 간다고 한들 우리 편이 아닐 게 뻔하여 포기해야 했다. 우리는 다시 50리라를 주고 20리라를 거슬러 받았다. 앉은 자리에서 45리라를 도둑맞은 것이다. 택시가 사라진 길 너머로 돔형의 흰 사원만이 둥그렇게 떠 있었다. 웅장하고 신비로웠다.

호텔 방에 짐을 풀고, 다시 거리로 나섰다. 이번에는 호텔 안내인에게 택시를 잡아 달라고 했다. 호텔 로고가 찍힌 택시가 왔다. 그 택시를 타고 30분쯤 이스탄불의 번화한 거리를 지나 크래프트 브루어리를 찾아갔다. 크래프트 브루어리를 어떻게 해석해야 할까, 잠시 H와 골몰했다. 수제 맥주라고 부르는데 손으로 빚진 않잖아. 아무리 작은 양조장이라도 거의 장비를 동원하잖아. 기껏 맥아 자루만 들었다가 옮기는 정도지, 양조 장비가 나서서 술을 빚어 주는데 그것을 수제라고 할 수 있어? 아니야. 그럼 장인 맥주? 소형 맥주 제조장의 맥주 빚는 사람들이 다 장인들인가? 아니지. 자본을 앞세운 관리자가 더 많이 있지. 그러니까 장인 맥주라는 말도 적합한 번역이 아니야. 그러다가 둘 다 공감대가 형성된 말은 독립 양조장이었다.

호텔 택시 기사는 목적지 부근에 다다라 물방개처럼 빙빙 돌더니, 어렵사리 이스탄불의 크래프트 브루어리를 찾아냈다. 택시 기사도 찾기 어려웠던 것은 그곳은 소문난 큰 양조장이 아니라 동네 맥주바였기 때문이었다. 맥주 바되 그 안에 맥주 제조 시설을 갖추고 있는 브루펍이었다. 안경을 쓴 형사 같은 인물의 실루엣을 간판에 내건 브루어리 이름은 보스포러스 브루잉 컴퍼니Bosphorus Brewing Company였다. 손님이 한 테이블 정도 있더니, 그들도 곧바로 자리를 떴다. 손님이 적은 이유를 묻자 아직 해가 기울지 않았고, 지금은 낮에 금식하는 라마단 기간이라고 했다. 그러고 보니 이곳은 술을 금기시하는 이슬람의 땅이다. 이슬람 국가에서 생활해 본 적 있는 H는 이 기간에 먹고 싶은 자들은 해외여행을 떠난다고 했다.

고양이 꼬리처럼 치켜 올라간 맥주 탭 앞에 앉았다. 그곳에 쓰인 술 이름 중 가장 먼저 눈에 들어온 것은 이스탄불 페일 에일이었다. 산업 혁명기의 위대한 유산인 페일 에일이 이제는 모든 도시의 이름을 달고 돌아다니는 상황이 되었다.

페일 에일의 등장은 산업 혁명과 궤를 함께한다. 석탄으로 만든 탄소질의 고체 연료인 코크스cokes의 출현으로 강력한 화력을 얻게 되면서, 강철 당화 솥을 쓸 수 있게 되었다. 이로 인해 가열에 따른 나쁜 냄새가 줄어들고 갈변하지 않고 밝은색이 도는 맥아를 생산하여 페일 에일을 만들 수 있게 되었다. 이 시기가 1702~1714년경이지만, 석탄 가격이 비싸 페일 맥아가 대중화되지 못했다.

영국 호지슨 양조장이 1750년대 이후 페일 에일을 생산하여 인기를 끌었고, 영국의 대표 맥주로 페일 에일이 떠오르게 되었다. 이를 동인도 회사에 팔기 위해 1780년대에 새로운 페일 에일을 개발했다. 인도로 향하는 6개월 동안 상하지 않게 하려고 페일 에일의 알코올 도수를 높이고, 홉을 많이 넣었다. 그 무렵 맥즙 농도가 17~22%, 100ℓ당 1.25kg의 홉을 넣어 끓이고, 0.55kg 홉을 따로 넣어 드라이 호핑까지 했다. 이것이 인디아 페일 에일의 탄생 이력이다. 현재 자가 맥주 제조자들이 만드는 영국 페일 에일이 통상적으로 맥즙 농도가

이스탄불의 브루펍. 양조한 술을 바로 마실 수 있다.

10~12%, 들어가는 홉의 양이 350g 안팎인 것에 견주면 파격적으로 많은 양이다.

페일 에일이 날개를 단 것은 1845년 유리에 부과되던 높은 세금이 없어지고 유리병값이 저렴해지면서였다. 그러면서 대량 생산된 페일 에일이 유리병에 담겨 제국의 선박에 실려 여러 나라로 퍼지게 되었다.

이스탄불 브루펍에는 페일 에일 말고도 신맛 나는 벨기에 블론드 에일, 결코 가볍지 않은 맛을 지닌 전통적인 스타일의 알코올 6% 라거, 커피 맛과 초콜릿 맛이 도는 스타우트, 여름용으로 출시된 상쾌하고 신선한 밀맥주가 있었다. 기호에 따라 다양한 차처럼 맥주를 내놓았다.

19세기 페일 에일은 그 뒤를 추격해 온 황금색 라거 맥주 필스너에 견주면 탁한 맥주였다. 더 맑아진 필스너에 페일 에일이 추월당하면서 맥주 시장의 주도권을 내주었고, 필스너는 20세기를 주도하고 21세기까지 건너왔다. 그런데 지금의 크래프트 맥주 바람을 주도하고 있는 것은 라거에 맞선 에일, 그것도 인디아 페일 에일보다 홉을 더 넣은 아메리칸 페일 에일이다. 바다를 건너면서 맥주는 맛이 진해지고 강렬해지는가 보다. 그래야 새로운 영토에서 새로운 문화를 만들어 내는 것일까? 인디아 페일 에일이 그랬고, 아메리칸 인디아 페일 에일이 그렇다.

비지르 브루어리와 맥주 동호회

이스탄불에서 환승하여 슬로베니아 수도 류블랴나에 도착했다. 슬로베니아의 수도 류블랴나 도시의 풍경은 우아하고 평화롭고 아름다웠다. 하지만 슬로베니아의 역사는 평화롭지가 않다. 1991년 독립선언을 할 때까지 전쟁과 갈등을 겪었다. 서쪽으로 이탈리아, 남쪽으로 크로아티아, 북쪽으로 오스트리아, 헝가리와 국경선을 맞대고 있다. 인구 200만 명 정도에 전라도 크기의 작은 나라여서 국력이 센 나라도 아니다.

점심을 먹고 산책하면서 우리가 찾아간 곳은 류블랴나의 윌리엄스Sir William's라는 펍이다. 홀 안에는 손님이 없고 길거리로 내놓은 탁자 두 개에 사람들이 앉아 있었다. 유목민들의 후예라서 그럴까. 실내는 답답한지 길가에 앉아 술 마시는 것을 즐긴다. 이 펍 안의 분위기는 벨기에 맥주가 주도했고, 벽에 걸린 포스터들을 보니 영국 에일과 기네스도 경합하고 있었다. 그 안에 슬로베니아 크래프트 브루어리의 브랜드인 휴먼 피시 브루어리와 비지르 브루어리의 맥주 통이 보였다. 우리가 가려는 맥주 장비 회사에서 소개해 주겠다는 양조장이 바로 비지르Vizir 브루어리였다. 우리는 류블랴냐에서 열차를 타고 남동쪽으로 치달아 벨라크라이나에 도착했다. 그곳에 맥주 장비 회사가 있고, 비지르 브루어리도 있었다.

장비를 이용하여 맥주 빚는 법도 배워야 했기에 일주일 정도 벨라크라이나에 머물게 되었다. 장비 회사 대표가 추천한 동네 여관에 머물렀다. 길가의 2층 건물인데, 1층은 식당과 바가 있고 2층이 숙소였다. 해외여행을 하면서 한곳에 정박하게 되면, 그 마을과 무척 친해진다. 여행이 아니라 술을 배우러 왔으니 마치 유학이라도 온 기분이었다. 무엇보다 내일 아침 다시 길을 떠나야 하는 분주함에 휩싸이지 않아서 좋았다. 2층 창밖으로 마을을 가로지르는 계곡물이 흘렀다. 화려하지는 않지만 단정하고 기품 있는 동네였다.

아침 식사는 1층 식당에서 뷔페식으로 준비되었다. 부드러운 크루아상과 고소한 호밀빵, 샐러드와 과일들, 주스와 우유가 아침을 상쾌하게 만들어 주었다. 이곳에 와 아침 식사를 해결하는 마을 사람들도 눈에 띄었다.

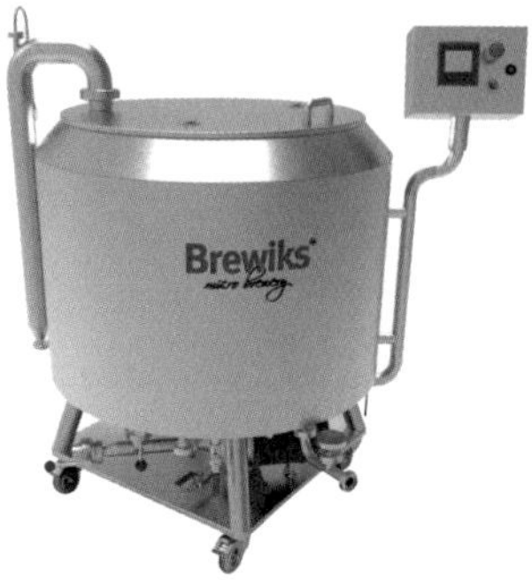

우리가 사려고 했던 슬로베니아의 소형 맥주 장비

맥주 제조 장비를 만드는 제조장을 찾아가 작업 현장을 둘러보았다. 치즈 장비를 만들던 기술력을 바탕으로 맥주 장비까지 만들면서 성장하는 회사였다. 가업을 이어받아 동생은 맥주 장비를 만들고, 형은 그 장비로 브루어리를 운영하고 있었다. 그래서 구입하기로 한 장비로 맥주 빚는 법도 가르쳐 줄 수 있었다. 맥주 창업을 하려는 H도 양조사로 근무한 경력이 없기에, 기술 이전에 가까운 경험을 하기 좋은 곳이었다.

아침이면 동생 사장이 와서 우리를 차에 태워 브루어리까지 안내했다. 한적한 시골 동네 큰길가에 있는 브루어리는 길가 쪽으로는 시음 판매장을 내고, 뒷마당을 끼고 제조 공간을 마련했다. 동생네 맥주 장비 회사에서 만든 신형 설비들이 갖춰져 있었다. 당화 솥에서 맥아를 달이고, 여과통에서 맥즙을 걸러 원뿔 모양의 발효통에서 발효를 시키는데, 온도와 시간 조절은 디지털 자동화 설비로 이뤄졌다.

아침마다 차를 몰고 오는 동생 사장에게 미안하기도 하여, 우리가 알아서 브루어리로 가겠다고 했다. 처음은 택시를 타고 갔고, 다음 날은 지도를 보고 걸어갔다. 한 시간쯤 인적이 드문 시골 포장도로를 걸어가니 차들이 우리를 의식해 주춤거리다가 지나쳐 갔다. 걸어서 가던 두 번째 날에는 고개 하나를 넘고 나자, 경찰차가 다가와 우리를 멈춰 세우고 신분증을 요구했다. 누가 신고를 한 것이다. 국경을 넘어 밀입국한 사람으로 보였나 보다. 동생 사장에게 전화를 걸어 신분을 확인한 뒤에서야 다시 길을 갈 수 있었다. 그다음 날부터는 브루어리에서 자전거를 빌려서 출퇴근했다. 자전거를 타니, 찻길에서 벗어나 마을 길로 접어들기도 하고 마을을 에둘러서 가기도 했는데, 내게는 그 시간이 슬로베니아에서 가장 행복하고 즐거운 순간이었다.

비지르 브루어리에서 인상적인 두 장면을 보았다. 하나는 맥주 유통을 하는 이가 와서 맥주를 빚는 모습이었다. 그는 이 브루어리의 발효통을 빌려서, 자기 상표로 제품을 만들어 판매하고 있었다. 마치

브루어리의 저장 탱크와 외부 작업실

전세살이를 하듯이 양조장 일부 장비를 빌려서, 양조업 등록을 별도로 하고 제품을 생산하는 것이다. 그럴 수도 있나? 우리의 주세법에는 없는 조항이다. 양조를 하려면 자기가 투자를 해야 하고, 양조 장비 일부를 빌려서 한다 해도 자신을 드러낼 수가 없다. 한국에서도 2020년부터 양조장 간 주문 생산이 가능해졌지만, 이도 양조인들끼리 가능한 일이지 일반인이 장비를 임대하면서 자신의 명의로 양조장 면허를 내는 것은 불가한 일이다. 좀 신기하고 흥미로웠다. 슬로베니아는 술을 만드는 데 우리보다 더 관대한 법을 지니고 있었다.

다른 한 장면은 맥주 동호회들이 찾아와 자신들이 가져온 재료로 맥주를 빚는 모습이었다. 열다섯 명 정도 되는 홈 브루어 동호인들이 주말이라 1박 2일로 캠핑을 겸해서 양조장을 찾아왔다. 음식을 준비해 오고, 첫날 일이 끝나자 바비큐 파티도 했다. 그런데 직접 술을 빚은 맥주를 상품화까지 시킨다고 했다.

동호회 회장인 스물아홉 살 예르네야 씨는 지난해 동호회가 결성되었고, 올해 슬로베니아에서 첫째가는 크래프트 맥주 제조장인 휴먼 피시 양조장에서 술을 빚었고 그 술이 완판되어 이번에 두 번째로 비지르에서 술을 빚게 되었다고 했다.

슬로베니아 청년들과 이야기를 나누다가 우리와 흡사한 점을 발견할 수 있었다. 20세기에 전쟁과 합병과 분리 독립을 겪으면서 슬로베니아에 라스코와 유니언, 두 개의 대형 맥주 회사만 남았는데, 이게 근자에 외국 자본인 네덜란드 하이네켄에 인수 합병되었다. 어느 주점을 가든, 마치 우리의 오비와 하이트처럼 두 대형 회사 피보Pivo(맥

맥주를 빚으러 온 슬로베니아 맥주 동호인들

주를 피보라 부른다)가 있다. 그런데 4~5년 전부터 크래프트 맥주의 바람이 불어 소형 맥주 제조장이 50개 가까이 생겨났고, 다양한 맥주를 파는 주류 판매점과 크래프트 맥주 전문점도 생겼다고 한다.

예르네야 씨는 홈 브루어 동호회원이 140명 정도 되는데, 유고라는 이름으로 함께했던 이웃 나라 크로아티아 맥주 동호인들과 행사도 하고, 축제도 기획하고, 맥주 만들기 문화도 보급하고 있다고 했다.

동호인들은 비지르 브루어리에서 자신들의 레시피로 맥주를 빚었다. 동호회 인터넷 카페에 레시피를 이미 공유하고 있었다. 젊은 아마추어 동호인들이 자기 방식으로 술을 빚을 수 있는 것은, 재료뿐 아니라 제조법도 쉽게 구할 수 있기 때문이었다. 빚는 술은 보리를 주원

맥즙을 끓이고 있다.

료로 삼고 호밀을 부재료로 넣어 도수가 높고 검은색이 도는 임페리얼 스타우트였다.

맥주의 매력은 재료 종류와 제조 비율까지 낱낱이 공개되어 있어 열심히 찾고 모색하면 누구라도 좋은 술을 빚을 수 있다는 점이다. 맥주는 비밀이나 비법으로 포장되어 있지 않은 것 같다. 와인은 생산연도의 기후 조건과 생산지의 토양을 따져 제품의 가치가 결정되지만, 맥주는 좋은 재료, 좋은 제조법을 누구라도 확보할 수 있다. 지금까지는 거대 자본이 시장을 독점하고 주도해 왔는데, 미국에서 시작된 크래프트 맥주 바람이 젊은이들을 자극하면서 개성 있고 창의적인 맥주들이 만들어지고 있고, 슬로베니아뿐 아니라 한국까지도 그 바람이 불어온 것이다.

동호인들이 빚은 임페리얼 스타우트는 영국 스타일의 맥주였다.

술 빚기에 쓰인 원료인 구운 맥아는 벨기에와 독일에서 제조되었고 홉은 슬로베니아산이었다. 구운 맥아를 많이 넣어 뻑뻑하게 죽처럼 변한 상태에서 맥즙을 빼내는 데 여섯 시간이 넘게 걸렸다. 하루 종일 빚고 10일 동안 발효시키고 20일 이상 숙성시켜야 술이 완성된다고 했다.

술병에는 양조장과 동호회의 콜라보 상표를 붙이고, 세금은 양조장 이름으로 내고 수익은 모두 기부금으로 쓸 예정이라고 했다. 이것도 흥미로운 문화였다. 우리는 등록된 제조법이 아니고서는 양조장에서 다른 술을 빚을 수 없어 불가능한 일이다. 동호인 중에서 앞으로 양조장을 차릴 사람도 있다고 했다. 그들은 취미가 일이 되고, 일이 새로운 창업으로 이어지는 순환 고리를 지니고 있었다.

슬로베니아의 와인 숙성고

일요일은 비지르 브루어리가 쉬었다. 동생 사장은 우리가 무료할까 봐, 마침 가까운 동네에서 열리는 축제장으로 우리를 데려갔다. 동네 사람들끼리 말 문양이 그려진 초록색 티셔츠를 나눠 입고, 준비한 음식을 나눠 먹으며 마차를 타고 산등성이에 흩어진 마을과 마을 사이를 순회하는 축제였다. 옛날 차가 없던 시절, 마을과 마을을 마차로 이동했던 시절을 추억하는 행사라고 했다. 아코디언을 켜는 아저씨 옆에 앉아 숲길을 지나고, 옛길을 지나며 노래하고 환호하며 즐겁

슬로베니아 시골 마을의 와인 저장고와 포도밭

게 마차를 탔다. 그곳에 술이 빠질 수 없는데, 술은 동네 와인이 준비되어 있었다.

슬로베니아는 이탈리아의 영향을 받아 와인이 센 나라다. 다섯 개의 대형 와이너리가 있지만, 포도 농사를 짓는 농가에서는 죄다 와인을 빚어서 나라 안에 몇천 개의 와인 저장고가 있는지 모를 정도라고 했다. 산악 지형이 많은 슬로베니아의 경사진 구릉지를 마차로 지나면서 포도밭을 쉽게 볼 수 있었고, 포도밭 안의 와인 저장고에서 꺼낸 와인을 맛볼 수 있었다. 농가에서 빚은 와인은 페트병에 담겨 갈증해소 음료처럼 소비되었고, 딱히 세금도 붙지 않는다고 했다.

맥주 양조장 비지르에서 와인 숙성고를 가지고 있는 것도 그런 분위기 속에서 가능했다. 아코디언을 능란하게 연주하는 동네 아저씨는 동화처럼 아름다운 마을을 지나면서, 이 마을에 와이너리가 딸린 농가를 5,000만 원이면 구입할 수 있다고 했다. 세계대전의 화약고가 되어 고통스러운 세월을 보낸 고장이 아니었다면 이 마을에 당장이라도 깃들어 살아볼 법도 하련만, 세상은 보이는 것이 전부가 아니니 욕심을 낼 수가 없다.

떠나갈 시간이 되어, 우리는 장비 구매 계약서를 쓰지 않고 한국으로 돌아왔다. 맥주를 빚으면서 장비는 참 맘에 들었지만 200ℓ 당화솥으로 맥주 제조장을 창업한다는 게 얼마나 수고스러운 작업인지, 경쟁력을 확보하기 어려울 것이라는 두려움이 엄습해 왔기 때문이다. 맥주 면허는 당장에 5톤 이상의 발효통을 갖춰야 하는데, 발효통이 아무리 작더라도 500ℓ는 되어야 하고, 한 번 작업할 때마다 500ℓ는 당화시켜야 하니, 200ℓ 당화 솥은 귀엽고 야무지긴 했지만 계약할 수가 없었다. 동생 사장에게 한국에 돌아가 연락하기로 했지만, 장비 도입은 결국 성사되지 못했다. 슬로베니아에 고마운 마음만 남게 되었다.

양조장이 문화 광장으로 돌아오다

#화산1914공원 #이란 주창 #홍국관

타이완 타이베이를 가족과 함께 여행했다. 술 기행단이 아닌 가족이라, 나는 술을 앞장세울 수가 없었다. 가족 여행은 맛있는 음식과 쇼핑으로, 그리고 관광지를 찾아가는 것으로 채워졌다. 모처럼 술에서 벗어날 수 있어서 여행을 이끌어야 한다는 책무가 사라졌다. 음식점에 들어가면 대만의 술을 건성으로 시키거나, 덤덤히 타이완 맥주를 마시는 정도로 여행 시간을 채웠다.

하지만 술 이야기 없이 여행을 채우기에는 허전했다. 관광지를 찾으면서도 양조장이 어디 없나? 특별한 주점은 어디 없나? 마치 알코올 중독자처럼 술을 찾고 있었다. 타이베이역 앞 주상복합 건물의 에어비앤비 방에서, 구글 지도로 양조장을 검색했다.

대만이면 금문 고량주지! 금문 고량주의 금문은 어디인가 살폈더니, 중국과 마주한 금문도이다. 타이베이에서 다시 비행기나 배를 타고 이동해야 한다. 가족을 설득할 수도, 잠깐 다녀올 수도 없다. 숙소의 지하에 있는 대형마트에 가니 금문 고량주 옆에 팔팔갱도 고량주가 있었다. 숙성 갱도가 있는 고량주 회사이니 제법 규모가 클 터이고, 관광객을 위한 시설을 갖췄을 법하다. 그런데 팔팔갱도도 배를 타고 가야 하는 섬에 있다. 어쩔 수 없다. 술 한 병 사서 방으로 올라가기로 했다. 금문 고량주 한 병, 어떤 것을 살까? 28도, 38도, 58도짜리가 있다. 하여간 중화권 사람들은 숫자 8을 좋아한다. 술 도수에 뒷자리가 8로 끝나는 술은 거의 없는데 금문 고량주는 8자로 끝맺고 있다. 아마 어딘가, 8자로 끝나는 술들이 많을 수 있겠다는 생각을 했다. 팔팔갱도도 한 병 사서 숙소로 돌아왔다. 그렇게 단념하려던 차에 타이베이 시내에 한때 양조장이었던 공원, 화산1914창의문화원구華山1914創意文化園區가 있다는 것을 알게 되었다.

교자도 많이 먹었으니 산책이나 하자며 가족과 함께 해거름에 화산1914창의문화원구를 찾아갔다. 사무실로 쓰였을 2층 건물 한 동과 시옷 자형 지붕을 인 단층 건물 여러 동이 연달아 있었다. 주변은 고층건물과 고가도로가 연결된 도심 한복판이었다. 도심 광장에 공연 무대가 있고, 무대에서는 콘서트가 진행되었다. 가족과 친구와 연인들이 느린 걸음으로 단층 건물들 사이로 열린 길을 따라 걸었다.

양조장의 넓은 마당이 광장으로 변하고, 양조장 창고들이 기념품 가게, 수공예품 가게, 카페, 전시장, 체험장, 영화관, 벼룩시장으로 변신해 있었다. 창고와 창고 사이의 넓은 길, 마당의 오래된 나무, 건물 안으로 난 긴 복도, 장식 없고 단조로운 건물, 복도 창문 밖에 올라

붙은 담쟁이넝쿨이 보였다. 실내는 천장이 그대로 드러나 있고, 유리창은 낡아서 뿌옇게 흐렸다.

가족들은 옷이든 기념품이든 쇼핑을 하라고 내버려 두고, 나는 옛 양조장 공간을 둘러보았다. 고등학교 건물, 교실을 따라 길게 뻗은 복도를 걷고 있는 기분이었다. 이곳이 모두 양조장이었다는 사실은 건물 복도 끝에 있는 벽보를 보고 알 수 있었다. 1914년 민간 회사로 방양사芳釀社라는 주창이 창업해 노홍주를 생산하기 시작했다. 1896년부터 일제강점기에 들어섰으니, 그때는 대만총독부라는 일본 제국주의 세력이 지배하던 시절이었다. 대만총독부가 소금, 장뇌, 담배에 이어 1922년부터는 술까지 독점하게 되었다.

방양사 주창은 1929년에 총독부가 직접 관리하는 주창으로 바뀌었다. 1945년 해방이 된 뒤로는 중화민국이 이를 그대로 승계하였다. 1987년에 주창이 다른 곳으로 이전하면서, 도심 속 빈 공간으로 남게 되었다.

방양사 주창은 1992년 한때 병원으로 사용되었지만, 활용 방법에 대한 논란이 끊이지 않았다. 1997년부터 작가들이 화산 구역을 예술 문화 공간으로 변화시키기 위해 적극적으로 노력하기 시작했다. 그 결과 2007년 화산1914창의문화원구로 탈바꿈하게 되고, 시민들의 복합 문화 공간이 되었다.

양조장이 공원이 되다니, 내게는 좀 신기하고 놀라웠다. 때로 운영되지 않는 양조장 건물이 술 박물관으로 살아남는 외국의 사례가 있지만, 대개는 신축 건물이 들어서면 양조장 옛터가 사라지는데 화

화산1914창의문화원구 안에서 길거리 공연을 하는 젊은이들

산1914는 도심 속 공원이 되어, 옛 기억을 되새기게 해 두었다.

국가 권력이 막강해지면 양조장이 공적 자산으로 넘어가 버리기도 한다. 북한이나 중국 등 사회주의 국가에서 벌어지는 일인데, 대만에서도 술 제조 과정을 중앙권력이 독점하고 있다. 양조 산업을 도로, 전기, 수도와 같은 공공재로 다루기 때문이다.

술과 함께 간접세의 대상이 되었던 담배도 마찬가지다. 예전에는 우리나라에서도 연초를 재배해서 담배를 만들어 팔거나 피우기도 했다. 국가가 담배세를 만들면서 연초 재배는 위탁 재배에 의한 관리, 담배를 만드는 것은 국가 기관의 소유가 되었다. 국민 건강을 해치는 부정적인 요소를 지닌 카지노, 담배, 술 따위의 사업은 그래서 국가가 빼앗아가도 국민들이 저항을 하지 못하거나, 하지 않는다. 중국의 대형 양조장들이 국가 경영이고, 북한의 양조장들이 국가 경영 식료 회사에 속해 있고, 대만의 양조 회사들이 담배와 함께 국가에서 전매하는 것도 그런 맥락에 있다. 그래서 대만에서 양조업은 경쟁하지 않고 공공재로 투자되며 규모를 키울 수도 있었다. 그리고 때로 화산 1914처럼 공원으로 돌아오기도 한다.

대만에서는 양조장을 주창이라고 부른다. 실제 운영되는 주창을 가 보고 싶었지만 가족을 설득하고 싶지 않았다. 아이들이 어렸을 때는 양조장 여행을, 여행이란 이름으로 다닐 수 있었다. 큰아이가 초등학교를 다닐 때 양조장 취재에 데리고 가면, 아이는 양조장 수돗가에서 물장난하고 강아지와 놀기도 했는데, 초등학교 6학년이 되자 아빠가 왜 양조장으로 자신을 데리고 왔는지, 집에 있으면 게임도 하고 좋을 거라는 생각을 품기 시작했다. 양조장을 갔다가 맛집을 가고 주변 여행지를 취재하면서 자연스럽게 가족 여행도 이뤄졌던 양동 작전은 큰아이가 중학생이 되면서 끝이 나고 말았다. 그때의 불편한 추억을 나는 되새김질하고 싶지 않았다. 그래서 대만 여행의 하루를 자유 시간, 쇼핑하고 싶은 사람은 쇼핑, 쉬고 싶은 사람은 쉬기로 하고, 나는 지도에서 가볼 만한 주창을 찾기 시작했다. 타이베이역에서 기차로 한 시간쯤 걸리는 이란宜蘭역에서 1km쯤 떨어진 곳에 주창 하나가 있었다.

혼자라 조금 쓸쓸하긴 했지만, 내 마음대로 시간을 쓸 수 있고 내가 관심 있는 주제에 오롯이 몰입할 수 있어서 좋았다. 대만을 일주하는 열차를 타고 이란역에 내렸다. 역 앞의 공원을 지나, 대만 원주민이 만든 종이 공예품을 사고 시내를 가로질러 이란 주창을 찾아갔다.

이란 주창 입구에는 고량주 숙성 항아리가 주창 건물 벽을 가릴 정도로 높게 장식되어 있었다. 주창 안의 첫 번째 건물에서는 그림 전시회가 열리고 있었다. 양조와 관련된 주제가 아닌, 그냥 시민들의 그림 전시회였다. 시민들을 위한 공간으로 양조 공간의 일부가 개방되었다. 입구에는 경비원도 보이지 않았다. 그냥 마을과 마을을 지나가듯이, 넓은 주창 문을 누구의 방해도 받지 않고 들어설 수 있었다.

건물 입구를 기웃거리다가 상점과 기념관이 있는 공간으로 들어갔다. 그곳에 홍국관이 있었다. 누룩균은 색깔에 따라 백국, 황국, 홍국으로 구분한다. 나는 제주도에서 붉은색이 도는 누룩을 본 적이 있지만, 술에 쓰이는 홍국을 제대로 본 적이 없었다. 그런데 이란 주창에 와서 제대로 홍국을 보게 되니, 떠나오길 잘했다는 생각이 들었다.

홍국관 안에서는 지역 특산물도 함께 팔고 있었다. 홍국에 대해 묻고 싶었는데, 주창의 직원을 찾을 수 없었다. 지역 특산물을 파는 이들은 마을 주민들이었다. 홍국관을 나오니 젊은 남녀가 누구의 안내도 받지 않고 익숙하게 주창 건물 사이로 들어가고 있어, 그들을 따라가 보았다. 노란 술 상자들이 가득 쌓인 주창 뒤뜰이 나왔다. 빈 병이 든 상자들이 담장 높이만큼 쌓여 있고, 한 무리의 청년들이 높이 쌓인 술 상자들을 배경으로 사진을 찍고 있었다.

검회색 주창 창고 건물을 배경으로 노란 술 상자들이 겹겹이 놓

이란 주창의 술 상자를 배경으로 사진을 찍는 젊은이들

여 있고, 이를 배경으로 일그러진 표정으로 때로 도도한 몸짓으로 사진찍기 놀이를 하고 있었다. 전문 카메라 작가로 보이는 이가 한 명 있지만, 핸드폰으로 서로를 찍고 있는 것을 보면 방송이나 잡지의 화보 촬영 같지는 않았다. 사진 동호회나 모델 동호회 성격의 번개 모임일까, 그들은 양조장의 낯설고 낡은 풍경 속에서 자신들만의 새로운 이미지를 건져 올리고 있었다.

그들의 웃음소리가 주창 뒷마당 빈터에 높게 울려 퍼졌다. 그들에게 이곳은 멋진 주창일 필요도, 견학 코스가 잘 짜인 주창일 필요도 없어 보였다. 일요일이라 직원들도 보이지 않았다. 주창 주인이 보았다면 꽤나 당혹스러운 풍경이었을 텐데, 국가가 주인이라면 좀 다르겠다는 생각이 들었다.

이란 주창 안에는 술 박물관이 있었다. 박물관 앞에서 마을 악사가 트럼펫을 불었다. 화장실을 가는 길목에 꼬치구이를 파는 포장마차와 간이식당도 있었다. 주창 선물 가게에 들어가 보니 주창에서 만든 황금주와 노홍주가 있고, 마을 특산품도 팔았다. 주창은 마을의 일부가 되어 있었다.

대만에서 주창이 국가 전매 사업에서 풀린 것은 2002년의 일이다. 세계무역기구에 가입하면서 국가가 전매했던 술과 담배 시장을 개방하는 차원에서 대만담배주류공사(TTL) 조례를 만들어 전매를 풀고 공기업이 다루는 산업 형태로 전환했다. 현재 이란 주창은 공기업 대만담배주류공사에서 운영하고 있기에, 여전히 독점적 지위를 누리고 있다. 대만담배주류공사에서 대만 1위 맥주인 타이완 맥주를 만들고, 대만의 전통주도 여럿 만들고 있었다. 금문 고량주는 금문현이 100% 지분을 가지고 있는 공기업이다. 대만의 술 정책을 조금 알고 나자 도심 재생 공간인 화산1914 공원도, 이란 주창의 분위기도 이해할 수 있었다. 술은 개인이 만드는 게 아니라 국가가 만드는 것이라는 등식이 있기에, 양조장이 공원이 되고 마을 장터도 된 셈이다. 그 과정에서 시민이나 작가들의 의견이 시혜가 아니라 투쟁과 시위의 과정을 거쳐 화산1914 공원이 만들어진 점도 무척 인상적이었다.

허시명의

세계 술 기행

초판 1쇄 | 2023년 11월 24일

글과 사진 | 허시명

발행인 | 유철상
책임편집 | 홍은선
편집 | 안여진, 김정민
디자인 | 노세희, 주인지
마케팅 | 조종삼, 김소희
콘텐츠 | 강한나

펴낸곳 | 상상출판
출판등록 | 2009년 9월 22일(제305-2010-02호)
주소 | 서울특별시 성동구 뚝섬로17가길 48, 성수에이원센터 1205호(성수동2가)
전화 | 02-963-9891(편집), 070-7727-6853(마케팅)
팩스 | 02-963-9892
전자우편 | sangsang9892@gmail.com
홈페이지 | www.esangsang.co.kr
블로그 | blog.naver.com/sangsang_pub
인쇄 | 다라니
종이 | ㈜월드페이퍼

ISBN 979-11-6782-174-4 (03980)